中国海绵城市建设创新实践系列

中国北方寒冷缺水地区"海绵"典范

——吉林白城海绵城市建设实践路径

"国家海绵城市建设创新实践"课题组　编

中国建筑工业出版社

中国海绵城市建设
创新实践系列

中国北方寒冷缺水地区
"海绵"典范
——吉林白城海绵城市
建设实践路径

前 言

成功的全生命周期实践样本，无疑是现阶段中国海绵城市建设的"指路明灯"。

"建设生态文明是中华民族永续发展的千年大计"，这是党的十九大报告指出的实现新时代中国特色社会主义伟大事业的核心要素之一。加快生态文明体制改革，建设美丽中国，势在必行，迫在眉睫。对此，习近平总书记早在2016年12月对生态文明建设作出的重要指示中就曾强调过，生态文明建设是"五位一体"总体布局和"四个全面"战略布局的重要内容。各地区各部门要切实贯彻新发展理念，树立"绿水青山就是金山银山"的强烈意识，努力走向社会主义生态文明新时代。要深化生态文明体制改革，尽快把生态文明制度的"四梁八柱"建立起来，把生态文明建设纳入制度化、法治化轨道。而旨在"通过加强城市规划建设管理，充分发挥建筑、道路和绿地、水系等生态系统对雨水的吸纳、蓄渗和缓释作用，有效控制雨水径流，实现自然积存、自然渗透、自然净化"，从而促进人与自然和谐发展的海绵城市建设，无疑是生态文明建设的强效"助推剂"。这也正是作为全国首批由中央财政支持的国家海绵城市建设试点之一的白城，在今年的《政府工作报告》中，将"抓好生态建设，打造美丽白城"列为2018年政府十大重点工作之首的重要原因。

白城抓住海绵城市建设国家试点机遇，围绕"四城联创"（卫生城、园林城、文明城、生态城）目标，立足人民最关心、最直接、最现实的利益问题，保障和改善民生，"既要创造更多物质财富和精神财富以满足人民日益增长的美好生活需要，也要提供更多优质生态产品以满足人民日益增长的优美生态环境需要"，坚持"撸起袖子加油干，一张蓝图绘到底"，"既尽力而为，又量力而行，一件事情接着一件事情办，一年接着一年干"。历经三年时间因地制宜的创新探索，不仅提前实现了"老城变新城、小区变花园"目标，而且成功打造了"海绵城市+老城改造"的"白城模式"，成为中国北方寒冷缺水地区海绵城市建设典范，使得白城的城市面貌日新月异、宜居指数大幅提升，人民的幸福感、获得感不断增强。

正所谓"不谋万世者，不足谋一时；不谋全局者，不足谋一域"。白城从成功申报国家海绵城市建设试点之初，就立足"尽快形成一批可推广、可复制的示范项目，经验成熟后及时总结宣传、有效推开"，以此实现"驱动面上改革"，让其他城市少走弯路。诚如习近平总书记在2017年10月27日十九届中共中央政治局进行第一次集体学习时提出："领导干部要做实干家，也要做宣传家"。做合格的新时代中国特色社会主义的领导干部，不仅要把事情干好，还得把干事情的故事讲好，因为"讲好故事，事半功倍"。领导干部如此，城市发展一理。白城不仅在海绵城市建设方面"观大势，谋全局，干实事"，让市民实实在在地感受到了"美丽白城"的巨大变化，而且对取得的经验模式进行了及时的总结提炼和全面推广。2017年10月10日"国家海绵城市建设创新实践"课题组《中国北方寒冷缺水地区"海绵"典范 ——吉林白城海绵城市建设实践路径》课题报告的公开发布，意味着白城成为全国首批海绵城市建设试点中第一个完成完整经验模式总结的试点。该报告立足"因地制宜，实事求是"、"可复制可推广"原则，分发展理念、投融资模式创新、技术研发、建设运维、典型项目展示、"海绵"人物、制度规范要件七个方面，对白城在海绵城市建设方面开展的创新探索工作进行细致梳理，结合国家战略及部委中心工作进行了深度提炼总结。通过翔实的数据和建设实效，全方位呈现出一个新时代的"美丽白城"！

何为海绵城市建设的"白城模式"？"国家海绵城市建设创新实践"课题组给出了言简意赅的精准解释：立足中国北方寒冷缺水地区的自然生态本底，采用海绵城市建设的理念和方式，科学系统构建人水和谐的城市水生态，打造宜居、宜业、宜游的吉林西部生态经济区，同时融合以人为核心的旧城改造完成城市更新，继而沿"一带一路"输出北方寒冷缺水地区海绵城市建设的经验模式和中国特色城市发展道路的"生态白城"智慧。

为进一步扩大白城模式的示范效应，在上述报告基础上，课题组融合试点建设的最新技术成果，分发展理念、创新实践、示范项目三大部分结集为《中国北方寒冷缺水地区"海绵"典范 ——吉林白城海绵城市建设实践路径》一书，公开出版发行，成为中国首部从全生命周期、全产业链视角诠释海绵城市试点建设过程的城市案例，让白城在夺取新时代中国特色社会主义伟大胜利的征途上，在构建人类命运共同体的实践中，不断释放出草原鹤城"八百里瀚海风光"的独特光芒。

VI

中国海绵城市建设
创新实践系列

中国北方寒冷缺水地区
"海绵"典范
——吉林白城海绵城市
建设实践路径

目　录

VIII

中国海绵城市建设
创新实践系列

中国北方寒冷缺水地区
"海绵"典范
——吉林白城海绵城市
建设实践路径

1

发展理念——
"白城模式"概述

2

中国海绵城市建设
创新实践系列

中国北方寒冷缺水地区
"海绵"典范
——吉林白城海绵城市
建设实践路径

何为海绵城市建设的"白城模式"？简而言之，便是立足中国北方寒冷缺水地区的自然生态本底，采用海绵城市建设的理念和方式，科学系统构建人水和谐的城市水生态，打造宜居、宜业、宜游的吉林西部生态经济区，同时融合以人为核心的旧城改造完成城市更新，继而沿"一带一路"输出北方寒冷缺水地区海绵城市建设的经验模式和中国特色城市发展道路的"生态白城"智慧。

白城模式成功的"六个一"秘诀：

一条服务宗旨——

以人为本：凝聚正能量，消减破坏力。

一个总体原则——

因地制宜：拒绝"高大上"，迷途知返保实效。

一个基本前提——

战天斗地：摸清本底谋长远，创新借力"海绵+"。

一种投融资模式——

PPP模式：主动出击寻外援，程序前置促高效。

一根指挥棒——

组织保障："全过程"不留盲点，"真问责"奖勤罚懒。

一种精神追求——

可持续发展：实践出真知，创新无止境。

1500多公里碧波荡漾的江河环绕，700多个水汪汪的泡塘点缀其间，曾经的"东北水乡"白城，确实风光无限。可如今，水却似乎故意同这座城市玩起了"躲猫猫"游戏。周边地区遍布水域广阔的大江大河，可偏偏一到白城地界，不是断流，就是下降了。8条主要河流，7条连续12年断流，仅剩57个泡塘存有余水。最浅处从地面往下三五米处就是汩汩直冒的地下水，可它偏偏就是冒不过那层浅浅的地皮。更为严重的是，到2011年，"白城之肺"莫莫格和向海两大湿地，面积锐减了九成。河流断流与地下水位下降，直接加剧了土壤的沙化程度，以每年1km的速度向东蔓延，草地资源以每年2%的速度锐减，生态屏障岌岌可危。年均400mm左右的降雨量，对于高透水性土壤和漏斗型地质结构而言，根本无法存蓄下来，充其量算是"润了润嗓子"。"滴水贵如油"，用来形容"叫天天不应，叫地地不灵"的白城对于水的渴求，毫不夸张。

尽管对水"望眼欲穿"而难得，但办法总是人想出来的。有效控制雨水径流，实现自然积存、自然渗透、自然净化的海绵城市建设国家战略的及时提出和大力推行，无疑成了缓解白城水危机的最后一根"救命稻草"。或许正因有了这种置之死地而后生的决心，貌似集短板于一体的白城，面对财政部、住房和城乡建设部、水利部三部门专家联合组织的竞争性答

①详见：刘宏伟.沿一带一路输出草原鹤城的原生态——白城海绵城市建设试点"三新二意"谋发展 [N].中国建设报，2016-11-30（5）。

辩，一路披荆斩棘，从上百个实力雄厚的申报城市中脱颖而出，成功申报成为全国首批16个由中央财政支持的海绵城市建设试点之一，而且在历经从理念到技术层面的弯路后，不仅如期完工，还完成了从试点走向示范的"凤凰涅槃"，因地制宜悟出"六个一"秘诀，成功打造了海绵城市建设的"白城模式"。①

1. 一条服务宗旨——以人为本：凝聚正能量，消减破坏力

核心价值和服务宗旨，决定着一种模式的应用推广前景，尤其是针对"牵一发而动全身"的城市建设而言。白城模式，最核心的价值和服务宗旨在于"以人为本"。海绵城市建设国家战略的推行，旨在"修复城市水生态、涵养水资源，增强城市防涝能力，扩大公共产品有效投资，提高新型城镇化质量，促进人与自然和谐发展"，毫无疑问，真正的落点在"促进人与自然和谐发展"，这也是2017年白城市《政府工作报告》明确提出"启动消除城区重点易涝区段三年行动，推进海绵城市建设，使城市既有'面子'、更有'里子'"的原因所在，更是《中共中央国务院关于进一步加强城市规划建设管理工作的若干意见》在"总体目标"中强调"实现城市有序建设、适度开发、高效运行，努力打造和谐宜居、富有活力、各具特色的现代化城市"的根本目的，在于"让人民生活更美好"。白城海绵城市建设试点，从一开始，便从发展理念层面占据了制高点。白城市委书记庞庆波一再强调："借助建设海绵城市、管廊城市的有利契机，坚持把老城区改造作为白城第一位的民生来抓，用好用足政策资金，努力让更多的群众共享改革发展成果"，"在施工过程中，要注重细节，充分考虑到群众的意愿和呼声，尽最大努力满足群众需求"。市长李明伟则明确提出"打造百姓满意工程"，"以改善民生为出发点和落脚点，提升居民生活水平"。而这一点，恰恰是不少试点城市所忽略了的，他们把海绵城市建设当成了一种具体的工程技术或措施，甚至出现了"为海绵而海绵"的现象。正因如此，白城模式无法用单纯的学术或技术语言来定义。因为，它的核心是"人"。这也意味着白城模式从"内核"层面就具备了广泛的可复制可推广价值。②

②刘宏伟.白城海绵城市建设中的"犯傻"精神 [N].中国建设报，2017-09-15（1）。

"以人为本"，"人"是核心。"事在人为"，同样是以"人"为核心，但这个"正能量"满满的褒义成语，就白城的海绵城市建设而言，却多了一层含义：预防或消减破坏力。

夜幕初启，路灯的光线足够明亮，小区里的情形一清二楚。晚上7时许，白城的大街小巷依然灯火通明、市声鼎沸。两名身形高大，头戴鸭舌帽，口鼻用大号口罩捂得严严实实的男子，手持铁棍、板砖，悄悄靠近一名正在施工现场看守工地的工人，一声惨叫，工人倒下了，两名"全副武装"的男子，转身离去，迅速消失在街角。这是2017年8月23日发生在白城和平小区施工现场的真实一幕。当时，中国建设报社政策研究中心的研究人员，正同负责海绵城市建设施工协调工作的白城市住房和城乡建设局副局长吴茂强在一起，梳理白城海绵城市建设的特色和亮点。接到电话的他，一面迅速派人将伤者送往医院救治，一面报警，

4

中国海绵城市建设
创新实践系列

中国北方寒冷缺水地区
"海绵"典范
——吉林白城海绵城市
建设实践路径

希望警察能尽快找到行凶者。然而，小区和街角的摄像头拍到的，只是两个无法辨认面貌的身影，面对这样的"专业"手法，警察一时间也是束手无策。白城海绵城市建设推行至今，类似的事情时有发生，更别提一般性的扯皮纠纷了。比如日前老城改造进行到铁路片区时，居民在一楼违规建房，污水主管网无法疏通，道路无法硬化，少数居民提出无理诉求，得不到满足，喝酒后在小区打砸施工车辆，因铁路"三供一业"的衔接等一系列问题，导致该区域工程进展艰难。自来水管网老化导致漏水长达四个月，相关部门不修不管……但民生问题却等不起，最后还得由白城市住房和城乡建设局协调白城海绵城市建设施工队伍前往解决，用了13个小时才将其修好。用吴茂强的话来说："东北人性情豪爽粗犷，是优点，为人处世很实在。同时也是缺点，遇到啥不顺心的事情，恨不能直接用拳头说话。很多时候，情况还没搞清楚，架就打起来了。"

　　白城海绵城市建设，得到了绝大多数市民的理解和支持，但也有极少数人，出于一己私利甚至是欲借此敛财，提出的无理诉求无法满足时，便直接或间接破坏现场施工，严重影响了项目建设的进度。虽是极少数，但其产生的破坏力却十分巨大。为了保障施工顺利进行，洮北区甚至不得不专门成立了一支护工队伍，由城管、信访、街道办事处人员组成。一方面保障项目建设顺利进行，另一方面也可以更好地向市民宣传普及海绵文化知识。就我们调研了解到的情况，其他试点城市，多多少少都出现过极少数市民不支持海绵城市建设甚至在已建好的落水管口、雨水花园搞点小破坏的现象，但大多停留在"动口不动手"的层面。像白城这样，直接对人"上手"甚至不惜下黑手的现象并不多见。正因如此，加入白城海绵城市建设大军，不仅意味着吃更多的苦、受更多的累，而且还成了"高危人群"。在有效预防极少数市民不理解不理智行为产生的破坏力的前提下，顺利推进海绵城市建设，这使白城模式具有在其他同类城市快速落地生根的"实用性"。俗语有云："人上一百，形形色色。"任何一种没有遭遇"破坏力"、"一帆风顺"的"真空"模式，其复制推广的可能性和有效性都难免令人生疑。白城模式，是经过最严苛的人文试点环境考验，一点一滴汇聚而成的。因此，在其他有类似气候、地理环境的城市更易于复制推广，成效更为明显。

2. 一个总体原则——因地制宜：拒绝"高大上"，迷途知返保实效

　　极少数市民不理智的破坏行为，影响的大都是个别项目建设进度，所产生的"负能量"同另一类人相比，立马成了"小巫见大巫"。面对未知或不熟悉的事物，向专业人士求教是通行的做法。海绵城市建设从最早的概念提出到试点探索，历时仅3年（2012年4月—2015年4月），而期间并无任何落地的成功经验模式可资借鉴。在这样的客观现实面前，专家或技术指导的作用可想而知。这也正是"住房和城乡建设部海绵城市建设技术指导专家委员会"成立的原因。然而，专家不可能长期驻扎试点城市现场指导。因此，各地试点城市不得

①详见：刘宏伟."工长"
李德明的"加速度"——白城
海绵城市建设试点"绩效评价"
之外的另一重示范价值 [N].
中国建设报,2017-10-10(6)。

不耗资数百万元甚至数千万元聘请专业的技术咨询服务团队，希望在专业团队的指导下少走弯路，尽快完成从试点到示范的转变。专业团队到底能发挥多大的指导作用，取决于两大关键因素：①团队的专业技术水平和能力；②技术路径和措施是否因地制宜。前者比较容易判断，看业界知名度即可；而后者，在试点开始时根本无从判断，一旦脱离"因地制宜"这一总体原则，发挥的引导作用便十分有限。

尽管财力薄弱，但白城不想输在起跑线上，他们选择了同业界公认的技术水平一流的高校合作。即便如此，随着工程进度的加快，陆续出现了不少项目采取的技术措施和项目本身的定位同当地实际情况不匹配现象①。用白城市住房和城乡建设局局长李德明的话来讲："一方面，技术咨询服务团队都是外地人，对白城的具体情况很难在短时间内彻底搞清，能收集到的书面文字材料毕竟有限，方案需要结合本底和基础数据不断修改完善；另一方面，主要在于施工环节的操作不到位。"

是追求品质保障还是工程"加速度"？白城选择了前者，不管工程进度的压力有多大，已进入施工环节的项目，发现一处问题，就整改一处。还没有实施的项目，从规划源头重新论证，经不起细节和实效推敲的，暂停！找到解决办法后再行上马。

无论是对专家，抑或技术咨询服务团队和施工队伍，相信，而不迷信。相信他们的专业水平和能力，尊重他们经过科学论证和有数据支撑的解决方案，但绝不盲目跟从，所有的方案都应该因地制宜地同本地客观实际相符合。否则，理论上再"高大上"的方案，也解决不了当地的具体问题。不遮丑、不避讳。就此而言，经受过挫折考验的白城海绵城市建设的试点价值更值得推崇，白城模式更具普遍性和实用性。作为一种全新的城市发展理念和方式，一点弯路不走的可能性极小，关键是如何及时发现走偏了方向以及如何尽快从弯路上走回正道。

3. 一个基本前提——战天斗地：摸清本底谋长远，创新借力"海绵+"

与"人"斗智斗勇，已经足够白城海绵城市建设大军"喝一壶"的了，然而，还有更大的困难等着他们去解决，那便是"战天""斗地"。欲"战天斗地"，必先摸清"天地"的本底，方可祛除病根谋长远。这也是海绵城市建设必须坚持的一个基本前提。

"战天"。作为全国首批由中央财政支持的16个海绵城市建设试点之一，白城也是唯一一个地处我国北方高寒干旱缺水地区的城市。地处大兴安岭山脉东麓平原区，属温带大陆性季风气候，除盛夏短时间内受海洋季风影响外，全年绝大部分时间降水系统来自西风带。冬长夏短，降水集中在夏季，雨热同期。春季干燥多，十年九春旱，夏季炎热多雨，秋季温和凉爽且短暂，冬季干冷，雨雪较少。年平均降水量为410mm，无霜期年平均为157天，平均初霜日为9月27日。对海绵城市建设而言，这段文字的"关键词"只有两个：无霜期、144天。意味着全年能用来施工建设的时间，只有144天，也就是不到5个月。作为首批试点，3年的考核期是没有折扣可打的，而白城的"老天爷"直接将这一考核时间缩短了超过

6

中国海绵城市建设
创新实践系列

中国北方寒冷缺水地区
"海绵"典范
——吉林白城海绵城市
建设实践路径

一半。因此，白城的海绵城市建设，首先要"与天斗"，同霜冻抢时间。

白城地处吉林省西北部，科尔沁草原东部，嫩江平原西部。东经121°38′~124°22′，北纬44°13′57″~46°18′。全市西北高，中间低，东南略有起伏。市内的平原区大体相当于新第三纪开始继承性发展了的松嫩沉积盆地的中南部，与松原市的长岭、乾安、前郭构成一个向北开口的蓄水构造盆地。盆地的隔水底板绝大部分是白垩系泥页岩。新第三系弱胶结的砂岩、砂砾岩和第四系的砂、砂砾石层都是良好的含水层，为地下水的汇集与赋存提供了条件。因此，地下水比较丰富。盆地内新生代地层具有多个沉积旋回层，所以盆地中大部分地区具有相互叠置的多含水层结构特点。地下水主要贮存在各种基岩的风化裂隙带、构造破碎带和河谷的冲积砂砾石层中，分布极不均匀，富水性相差悬殊。含水层一般厚5~10m，深1~40m左右，含水层岩性大部分为砂砾石，透水性很强。对海绵城市建设而言，这段话的落点是砂砾石土壤的强透水性很难留住雨水，全年刚到410mm的降雨量，对于这样的地质结构和土壤特性，意味着只能"润润嗓子"。

或许有人会说，天上不下雨，并不意味着就一定缺水，地表水、地下水同样可以为我所用。白城市共有8座大中型水库和8条流经全市的河流；每年总水资源量为22.72亿m³，其中每年地下水天然资源量为20.83亿m³，每年地表水资源量为1.89亿m³，地下水每年可开采资源量为15.39亿m³，每年的江河客水资源量为220亿m³。虽然水资源总量较多，但实际可利用的水资源却寥寥无几。人均占有可利用水资源量为860m³，属严重缺水地区，且水质状况令人担忧。首先，地表水资源是指全市2.57万km²面积上产生的地表径流，除了局部地段可利用其极少一部分外，其余只能对生态环境产生一定的影响，对于集中用水来说基本没有意义。而地下水的天然资源中，必然要有一部分水被排泄掉（如蒸发和地下侧向径流等），其中每年仅有15.39亿m³的地下水可开采资源，分布广泛，对于集中用水的地段来说（如城镇和大面积的井灌区等），其地下水可利用量的总和要比这个数量小得多。因此，近几年全市地下水的实际开采量虽然每年只有12~14亿m³，但主要城区和很多乡镇地下水已处于严重超采状态，而超采就必然动用地下水的原有储存资源，也就必然会导致地下水位的下降。其次，虽然嫩江每年有客水资源200多亿立方米，但包括下游松原、黑龙江，甚至俄罗斯的用水，同时也要保障河道里基本生态环境用水和航运等其他方面的需求，国家批准吉林省嫩江的用水指标每年只有22.36亿m³，其中还包括洮儿河每年的4.5亿m³和松原市的0.96亿m³，留给嫩江干流的水量只有16.9亿m³。而每年4.5亿m³的洮儿河水已全部用于洮儿河灌区和白城发电厂，无多大潜力可挖。嫩江干流的水由于其地理位置和水质方面等原因，目前也只能用于镇赉、大安等地的灌区和白城部分城镇和工业集中区的供水。不仅如此，据《白城地区志》记载：20世纪60年代，白城境内江河交错，1500多公里的河流长年不断流，蓄水泡沼多达700多个，水量丰沛。曾经"棒打狍子瓢舀鱼，野鸡飞到饭锅里"，坐拥"八百里瀚海风光"的"东北水乡"，为何如今变成生存环境险恶的风沙之城？根源在于1998年发生的那场松嫩流域大洪水，之后白城连年干旱少雨，8条主要河流7条连续12年断流，700多个泡塘仅剩下57个有水，而且水量十分有限。因此，白城海绵城市建设要达成"有效控制雨水径流，实现自然积存、自然渗透、自然净化的城市发展方式"的目标，就必须"与地斗"，留住雨水，做好水资源利用这篇大文章。

"不谋万世者，不足谋一时；不谋全局者，不足谋一域"，这话用在白城海绵城市建设，恰如其分。既然不占"天时地利"，那就必须从规划源头谋划好"天地"这篇大文章，打造一个人水和谐的新天地。因此，白城模式，最基本的前提在于始终坚持因地制宜，坚持"规划引领、统筹推进"。一座城市的发展，抢占了发展理念的制高点，未必就能实现"和谐宜居、各具特色"的愿景。"理想很丰满，现实很骨感"的现象，比比皆是。究其根由，在于没有因地制宜做好"规划"这篇大文章。诚如习近平总书记所言："考察一个城市首先看规划，规划科学是最大的效益，规划失误是最大的浪费，规划折腾是最大的忌讳。"旨在"最大限度地减少城市开发建设对生态环境的影响"的海绵城市建设，更是如此，这也是指导意见明确要求"坚持规划引领、统筹推进"的原因所在。

根据《城乡规划法》《海绵城市专项规划编制暂行规定》，海绵城市专项规划是城市总体规划的重要组成部分，要从加强雨水径流管控的角度提出城市层面落实生态文明建设、推进绿色发展的顶层设计，明确修复城市水生态、改善城市水环境、保障城市水安全、提高城市水资源承载能力的系统方案。白城从海绵城市建设试点之初，便着重编制海绵城市专项规划，统筹引领全市海绵城市建设（图1-1~图1-4）。修编水系、绿地系统、道路交通专项规划，保障海绵城市建设空间格局。编制白城市控制性详细规划，通过衔接相关专项规划，细化落实地块雨水总量控制指标，调蓄与排放空间内涝防治设计重现期控制指标，并细化城市竖向控制。通过完善的海绵城市规划体系，构建源头减排、过程控制、系统治理的工程体系。与此同时，为让更多百姓享受到海绵城市建设的实惠，白城市委、市政府新一届领导班子果断决策，白城站在城市统筹发展的高度，提出"让老城变新城"口号，将原示范区的实施面积、项目和投资额度进行了扩容调整，由原来的22km²调增到38km²，同步实施改造。38km²的示范区，老城区域占了28.4km²，占比高达75%，而白城中心城区总的规划建设用地面积才67.51km²，目前的城市建设用地面积只有42.8km²（白城总体规划至2020年，城市建设用地5473.03万㎡；至2030年，城市建设用地6750.52万㎡）。这一数据，在全国试点城市中，绝无仅有。

众所周知，老城改造是海绵城市建设推行中的难中之难。面对习近平总书记指出的"啃硬骨头多、打攻坚战多、动奶酪多"新一轮改革，要做到"刀刃向内、敢于自我革命，重点要破字当头、迎难而上，根本要激发动力、让人民群众不断有获得感"，绝不是把改革停留在口头上，而是要"把自己摆进去，想改革、议改革、抓改革，争当击楫中流的改革先锋"，要采取具体的措施，靠实事求是的数据说话。白城这一届的领导班子，无疑做到了。正因如此，白城才可能通过"海绵+旧城改造"融合推进，顺利实现了城市更新，为白城海绵城市建设试点增加了一重"攻坚克难"的示范价值。

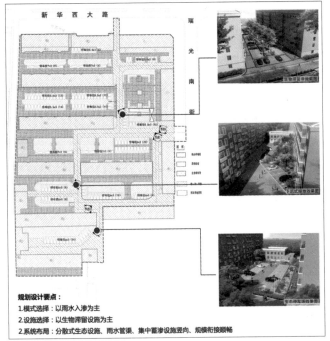

图1-1　白城市海绵型小区规划设计指引图（白城海绵办供图）

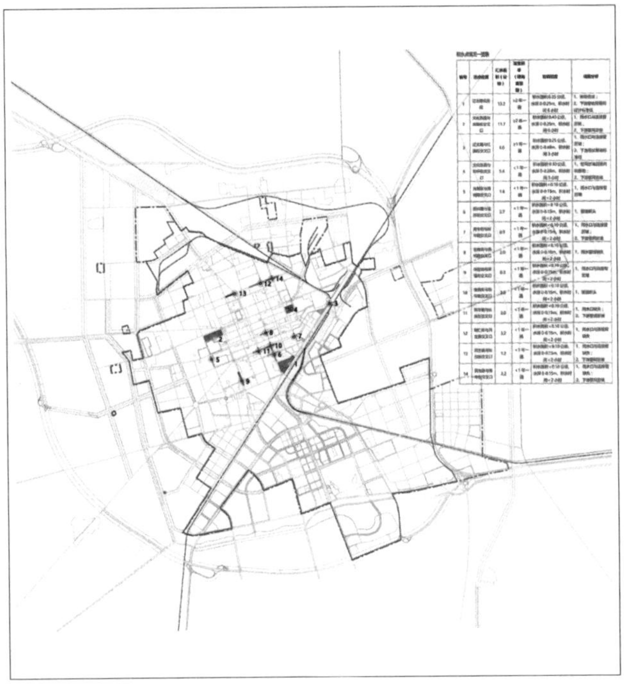

图1-2　白城市积水点分布及汇水区域图（白城海绵办供图）

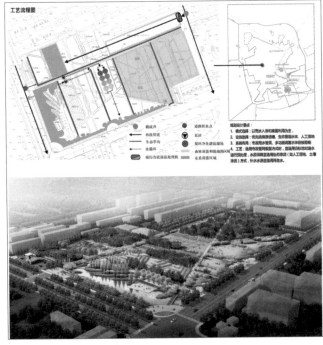

图1-3　白城市海绵型公园与积水点改造规划设计指引图（白城海绵办供图）

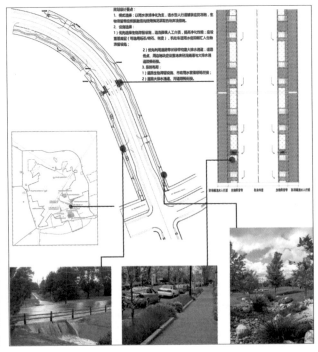

图1-4　白城市海绵型道路与道路行泄通道规划设计指引图（白城海绵办供图）

4. 一种投融资模式——PPP模式：主动出击寻外援，程序前置促高效

钱并非万能，但没有钱却是万万不能的。城市更新尤其是旧城改造如此，海绵城市建设更是如此。白城总面积2.6万km^2，2016年末全市总人口193.5万人。2016年全市实现地区生产总值731.2亿元。全市公共预算全口径财政收入完成64.1亿元，其中地方级财政收入完成42亿元，人均GDP为37308元。这是来自《白城市2016年国民经济和社会发展统计公报》的一组数据。这样的经济总量，连同样是首批海绵城市试点也是唯一的县级试点的迁安都不如，总人口77.3万人的迁安市，2016年全市地区生产总值（地区GDP）918.8亿元，全市财政收入完成63.9亿元，而它的海绵城市建设试点区域面积仅为21.5km^2。更何况，白城地处早已被舆论贴上"投资不过山海关"标签的东北地区，自身造血功能不足，而外来投资又乏力，再加上海绵城市建设项目本身因散、碎、小和大多属于公益性投资而导致投资大、回报率低、回报周期长，很难受到社会资本的青睐。这不仅仅是白城存在的问题，也是其他试点建设普遍存在的现象，只不过白城的"突围"难度更大。

"穷则思变"的"穷"，意即"尽头"，借用到海绵城市建设上，白城的"穷"则思变，是地地道道的真穷，但思变之心却同理，甚至更急切。正因如此，当其他试点城市按部就班展开海绵城市建设PPP项目的运作时，白城却创新采取了"主动出击"的方式。

坦诚地讲，白城海绵城市建设PPP项目在筹划时间或具体内容等方面，同其他试点城市相比，并无任何优势可言。该市从2016年9月开始启动PPP项目，2017年2月13日发布海绵城市建设PPP项目招标公告，3月8日正式开标。不同的是，白城市在项目招投标过程中，一改过去业界程序化实施的常态，变"坐等招标"为"主动出击"，走出去推介推荐项目。选派专业人员上门宣传白城市海绵城市建设PPP项目，通过多方努力、沟通协调，以新闻发布会形式召开了白城市海绵城市建设PPP项目招商推介会，最终确定了10家企业入围。不仅如此，该市还巧借外力，请住房和城乡建设部、吉林省住房和城乡建设厅的相关领导、专家帮忙推荐、把关，从源头让那些鱼目混珠、真假难辨、以次充好的投机、挂靠企业没有机会"准入"，积极争取信誉好、施工能力强、资金实力雄厚的单位参与竞争。与此同时，按照传统的招投标程序，与建设单位对接要在企业中标后进行。该市在不违反相关政策的前提下，开标前就陆续与通过入围资格审查的10家企业进行预对接，使其提前知晓具体施工内容，提前安排具体施工计划、施工队伍、设备。此举旨在让真正有意合作的企业，提前做好准备，一旦中标，就能尽快进场施工，节省了时间，提高了效率。

白城在海绵城市建设PPP项目招商方面的主动出击，无疑是为我国的海绵城市建设投融资模式提供了一种全新的模式，这样的创新探索自然收效显著，最终中标单位为实力雄厚的中国建筑第六工程局有限公司（青岛冠中园林绿化有限公司）联合体。穷家难当，正因如此，白城海绵城市建设PPP项目运作团队不仅追求"开花"漂亮，更力图"结果"丰收。

10

中国海绵城市建设
创新实践系列

中国北方寒冷缺水地区
"海绵"典范
——吉林白城海绵城市
建设实践路径

①李德明、白城海绵城市
建设 PPP 模式项目实践创新
报告——PPP 模式试点核心价
值: 过程分享 [N]. 中国建设报,
2017-08-17 (4)。

为将地方政府支付的每一分钱，都花到刀刃上，采取了"按效付费"的方式，并为此制定了详细的绩效考核管理办法和方式，尤其是在某些具体的收费计算公式方面，算是开了业界先河。①

在业界专家看来，已落地实施的白城市海绵城市建设老城区积水点综合整治与水环境综合保障PPP项目，通过围绕水系、绿地、城市道路及建筑小区四大系统，依靠城市海绵体点、线、面相结合的方式，实现海绵城市体系的有效闭环。项目立足于全生命周期，整体设计和综合考虑，从项目前期工作、融资交割、项目建设，到运营维护、项目移交等项目全流程进行了详细约定，并在如项目用地问题、回报机制、风险分配、配套安排、绩效考核、提前终止等关键问题的处理上考虑周全，成为项目顺利落地实施的强大保障。《白城市海绵城市建设PPP项目绩效考核办法》，实行打分制度，按照"每月日常考核+季度定期考核+不定期抽查考核"的方式，从项目设施可用性和项目实施效果两大方面进行考核。在项目设施可用性上，对雨水管渠疏通率、污水混接率、雨水生态设施及管渠系统的日常维护等方面进行考核；在项目实施效果上，对雨水总量控制、水质净化设施的出水标准、综合排水和超标降雨时是否达到排水标准等方面进行考核。最终，项目可用性服务费和运维费用的支付金额与考核结果挂钩，通过绩效考核督促社会资本在项目合作期积极发挥主观能动性，切实开展运维工作，达到了较为理想的项目效果。

从易到难，难！从难到易，易！白城模式在理念、目标、规划环节以及投融资环境等方面的高难度，决定了它在其他城市的应用更易于复制，便于推广。

5. 一根指挥棒——组织保障："全过程"不留盲点，"真问责"奖勤罚懒

投融资模式创新落地，解决了"钱"的难题，但对海绵城市建设而言，只是迈开了"万里长征第一步"。作为一种全新的城市发展理念和方式，城市人民政府是海绵城市建设的责任主体。因此，要真正将指导意见中"增强海绵城市建设的整体性和系统性，做到'规划一张图、建设一盘棋、管理一张网'"落到实处，尤其是在毫无成功的经验模式可资借鉴的试点阶段，地方政府领导人对海绵城市建设的理念认知高度起着重要的作用，直接决定着"一张图"、"一盘棋"、"一张网"的品质。

做到"规划一张图"固然不易，对海绵城市建设而言，更难的恐怕还是落实"建设一盘棋"。众所周知，海绵城市建设跨行业、跨部门、跨学科，涉及规划、建筑、给水排水、结构、道路、园林景观、水文等多个专业，需要规划、建设、水利、环保、交通、园林等部门的共同参与、相互协作，要统筹协调如此众多的部门和专业领域，难度可想而知。这也是不少试点城市在初期推行阶段普遍存在的项目建设"推不动"的根本原因所在。综合条件在首批16个试点城市中可谓最差的白城，如何在这一点上创新突围？办法很简单，让组织保障

这根"指挥棒"真正产生"指挥"效力。

在组织保障机制方面，白城的做法跟其他试点城市大同小异。成立了党政主要领导任组长的海绵城市建设领导小组。市政府分管城建、财政领导任副组长，相关部门为成员单位，全面负责各项工程建设任务。领导小组下设指挥部，指挥部下设办公室。采取"11+1"工作模式推进（即1个综合协调办公室和11个专项工作组），具体负责组织海绵城市建设项目推进工作。不同的是在责任分解方面，白城采取的办法是将海绵城市建设任务按属地管理原则分解落实到各区，将建设指导和督促配合工作按职责分工落实到市级相关部门，各责任部门分别成立主要领导亲自挂帅的工作机构。此举的重大价值在于有效解决不同"部门""属地"利益导致的"踢皮球"现象。推进中，市督查指挥中心定期进行现场督查、通报，财政、造价、审计等部门全程跟踪参与，交警、社区等部门全力配合。

做好组织保障，只是解决了"该谁管"的问题，"建设一盘棋"的落点在规范"怎么干"，这就需要一套完整的保障制度和标准。白城在建立保障制度方面，比较突出的特点是注重"全过程"。为此，相继出台了《白城市雨水径流排放管理规定》、《白城市海绵城市规划管理规定》等，形成了规划、设计、建设、验收、运维全过程管理制度。出台了《白城市海绵城市建设项目奖励办法》，使海绵城市建设项目全覆盖，让社会广泛参与海绵城市建设。在技术标准方面十分注重"本地化"。制定《质量验收与评价技术导则》、《运行维护评价技术导则》、《规划设计导则》、《绿色基础设施标准图集》，突出渗透技术的应用，适应白城土壤地质特点；构建延时调节、多功能调蓄、地表径流行泄通道等排涝除险关键工程体系，支撑老城区积水点、生态新区内涝风险综合整治；创新融雪剂渗滤弃流技术、透水铺装抗冻融技术，使海绵城市适应北方高寒地区气候特点；重视设计、施工、竣工质量、效果全过程评价标准建立，让海绵城市成果更长效、更持续，同时支撑PPP项目移交与绩效评价。在实效保障方面，制定了"一条链式"的落实机制。通过上述制度、技术标准建设，在规划编制、土地出让、规划选址、项目立项、规划两证、设计审查、施工质量、竣工验收运行维护、绩效考核每个环节，提出海绵城市建设具体要求、前置要件与办事流程，落实责任主体，形成部门联动，提高办事效率。这些做法和措施，同其他试点城市相比，属于大同小异的"基本路数"，只不过有的属于"纸上画画，墙上挂挂"的表面文章，"指挥棒"无法指挥，有的则进入了执行层面，产生了实效。

白城海绵城市建设，除了在"基本路数"上要求实效外，为保障海绵城市建设工作稳步有序地推进，该市还建立健全了一套十分严格的监督考核机制，用来加强对各个环节和工作人员表现的监督考核。为此，白城市委、市政府将海绵城市建设工作执行力纳入各个部门各类人员的年度工作目标绩效考核中，制定了有针对性的考核细则，确保实效。市督查指挥中心对各责任单位工作情况进行严格督查，定期印发督查通报。市纪委、组织部对不作为、慢作为、乱作为的部门及工作人员严肃问责，对表现好的工作人员及时任用和重用，形成激人奋进的用人导向和工作导向。一旦动真格的，跨部门跨领域间相互推诿拖拉扯皮的现象，很

12

中国海绵城市建设
创新实践系列

中国北方寒冷缺水地区
"海绵"典范
——吉林白城海绵城市
建设实践路径

快便得到了遏制，有效解决了各地海绵城市建设试点在推行过程中普遍存在的"揽功推过"通病，让"指挥棒"发挥出了令行禁止的"指挥"功效，而且在新技术、新工艺、新材料等方面取得了不少创新成果，其中包含在寒冷缺水地区推行海绵城市建设必然面临的世界性难题。

6. 一种精神追求——可持续发展：实践出真知，创新无止境

俗语有云：没有金刚钻，别揽瓷器活。除了科学的发展理念和规划设计外，新技术、新工艺、新材料，无疑就是海绵城市建设的瓷器活，因为它们在某种程度上直接决定着项目的品质。

新技术方面。像不少其他首批试点城市一样，在经验全无的情况下，白城早期的海绵城市建设，同样采取了普遍铺设市政管网的措施，将小区超过下沉式绿地、雨水花园滞蓄能力的雨水直接排入市政管网。然而，在推行过程中，白城逐渐发现，这种做法投资巨大，发挥的作用却很小，很不适合当地的实际情况。作为降雨量稀少的缺水型城市，在小区大面积铺设市政管网的用处并不大。然而，不铺设地下管网又如何解决雨水排放保障城市防涝能力？经过对国内外关联技术措施的广泛调研，白城发现本地传统渗井的做法值得探索。经过充分的论证和调研，白城结合本地雨水及地质构造的客观情况，对传统的渗井措施进行了一系列改良，作为海绵城市建设小区海绵化改造后防涝的主要措施之一。该技术措施的应用前提，在于下沉式绿地和雨水花园成为"海绵化"社区雨水的主要汇水区域，旨在解决下沉式绿地、雨水花园和高透水性的土壤无法吸纳或在短时间内无法快速下渗导致的雨水，在没有市政管网接入的情况下，可以在短时间内得到净化和排出。具体方法是在传统的渗井基础上，通过在渗井上层不透水范围安置安全牢固的过滤网兜，填充碎石或卵石，此举不但能增加渗井上层不透水层的透水性，且易于日常清理维护。下层透水层填充炭渣、砂砾石，井壁与填充料之间设置反滤层，让得到充分净化后的雨水直接排入地下水系，有效补给地下水。在地下水系和雨水之间搭起了一道畅通无阻、安全可靠的"快速通道"。作为该创新技术的主要倡导者，李德明还给这种改良型渗井取了一个十分别致的名字——海绵渗井。截至目前，白城已经开始在后期的小区海绵城市建设项目中采用这一创新技术，并结合项目应用的实际效果从材料选择和工艺方面不断改良完善。此外，横五路海绵型道路也是一大技术创新，该技术主要利用抗冻融透水人行道和融雪剂自动渗滤弃流生物滞留带技术，并利用某半幅路段作为超标雨水的径流行泄通道与纵十三路路侧生态沟渠大排水通道相衔接，解决道路中小降雨径流滞蓄和超标雨水的排放问题，重点示范融雪剂弃流生物滞留带与抗冻融人行道透水铺装。尽管该创新技术的实效还有待时间考验，但该技术措施的另一大亮点却已经得到业界的广泛认可，那便是通过"组合树池"的自然方式，有效解决了马路雨水的面源

污染问题。

新工艺方面。北方寒冷地区受气候条件制约，每年的无霜期很短，如何实现项目景观、功能融合发展，就成了一门大学问。白城工业园区结合本地植物种植生长习性和工程项目施工工艺工法，创新探索出了一套行之有效的"组合施工法"，通过动态调整施工工序，为植物栽种赢得时间和空间，此举既保证了项目的景观效果，又不影响施工进程。

新材料方面。通过海绵城市建设带动地方产业。白城2m以下即为砂砾层，地质条件非常利于雨水入渗，也为白城提供大量的海绵优质材料——砂砾，是生态设施优良的覆盖层防冲刷材料，有效解决了生态设施边坡宜冲刷等问题。此外，白城的海绵城市建设大量选择了本土化的植物，培育了大量本底苗圃基地，作为雨水渗滤设施重要的净化材料，往日无人问津的炉渣变废为宝，成为海绵城市建设的优质材料。

众所周知，海绵城市建设难，但更难的却是后期的运维。任何一种成功的经验模式，若经不住全生命周期的考验，都将成为"短命产品"，注重人与自然和谐发展的海绵城市建设尤其如此。换言之，可持续性是海绵城市建设经验模式成功与否的唯一标尺。白城的做法很简单，PPP项目涵盖的部分严格遵照《白城市海绵城市建设PPP项目绩效考核办法》，采取按效付费的方式保障常规设施养护效果及相关考核辅助监测系统的正常运行，以确保PPP项目建设模式在运营期内达到可用性。同时，白城市还组建了科级建制的白城市城市基础设施建设PPP项目管理服务中心，负责对项目公司的日常运营进行绩效考核工作。该办公室为事业编制，共有8名工作人员，领导职数为1正2副，工作人员全部为社会公开招聘，包括市政、给水排水、园林绿化等相关专业技术人员。PPP模式以外的其他海绵城市建设项目，则根据不同的情况，创新采取分层分类的办法落实后期运维管理职责。有合理利润空间的部分，采取运维业务外包方式，授权企业参与项目的后期运维和管理，以此充分发挥企业的高效优势和保障设施的良好运行。公益性项目的低影响开发设施，则由城市道路、排水、园林等相关部门，按照职责分工，负责日常维护监管。其他低影响开发雨水设施，由该设施的所有者或其委托方负责维护管理。其中，洮北区长庆街道办事处已经开始探索建立多样性的物业服务模式。对居民小区进行分类管理，根据各自小区特点，选择合适的服务模式。对规模较大的敞开式老旧小区，采取聘用物业服务企业进行日常管理的方式；对规模较小的小区，采取"统一打包"方式选聘物业服务企业进行管理。同时，推广优秀小区物业管理模式，组织和鼓励小区成立业主委员会，进行高度自治，使小区摆脱有人住无人管的局面，提高服务水平，切实做到不留后患和死角。

为进一步提高工作效率和便于全市统筹协调，切实做到"管理一张网"，上述后期运维管理方式，都统一归白城市海绵城市建设试点工作领导小组办公室的领导。

截至2017年11月，白城海绵城市建设试点日 示范区域内的建设项目，已全部完工。虽"压力天大"，挫折不断，但聪慧坚毅的白城儿女，怀一腔九死不悔之心，百折不

挠，终于实现了申报项目保质保量的
如期完工。下一步，该市将在已经取
得的成功经验、技术基础上，在非示
范区域全面推进海绵城市建设，力争
早日重现草原鹤城的水色时光（图
1-5）。至此，"国家海绵城市建设创
新实践"课题组经过长达两年多的动
态跟踪、调研，又经总结提炼的《中
国北方寒冷缺水地区"海绵"典范——

图1-5　水乡秀色（白城海绵办供图）

吉林白城海绵城市建设实践路径》，算是正式出炉了。

　　创新无止境。正如习近平总书记再三强调的："抓创新就是抓发展，谋创新就是谋未
来。"无论是对白城试点，抑或是对海绵城市建设国家战略而言，这份创新成果并非"结
局"，而是才刚刚"开始"。

　　　　　　　　　　　　　　　　　　　　　　　　　　　　　（作者：刘宏伟）

2

创新实践

16

中国海绵城市建设
创新实践系列

中国北方寒冷缺水地区
"海绵"典范
——吉林白城海绵城市
建设实践路径

2.1

白城现状与问题分析

2.1.1　城市基本情况

白城市位于吉林省西北部，与内蒙古、黑龙江相接，地处北纬45°，位于大兴安岭南麓松嫩平原西部，科尔沁草原东部，属于高寒地区。

白城市市域面积2.6万km²，人口199万人，中心城区面积42km²，人口58万人。白城市人均耕地、草原、宜林地、水面、芦苇面积都居吉林省首位。有比较丰富的石油资源、风力资源以及多种矿产资源，境内有世界A级湿地、国家级自然保护区——向海，国家级自然保护区——莫莫格。

2.1.2　本底调查

1. 降雨特征

1）基本气候情况

白城市属中温带半干旱季风气候区，冬季漫长寒冷，夏季短暂凉爽且天气变化无常，春季多风，秋季多雾。年平均气温在5℃左右，1月份平均气温最低，常年平均在-16℃左右，极端最低气温达-37.5℃；7月份平均气温最高，在23℃左右，极端最高气温38.1℃（图2-1）。日照强烈，无霜期较短，在160天左右。

2）年降雨情况

白城市地处中温带大陆性季风气候区，对白城站1983—2012年实测降雨量资料进行分析，白城市多年平均降雨量410mm，年均蒸发量1678mm，是年均降雨量的4倍，如图2-2所示。白城降雨量年际变化较大，最大年降雨量1998年为726.3mm，最小年降雨量2001年为123mm，如图2-3所示。

对月均降雨进行分析，1~5月累计降雨量占全年降雨量12%；10~12月累计降雨量占全年降雨量5%；6~9月累计降雨量占全年降雨量83%。

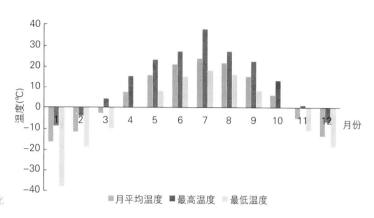

图2-1 白城市各月份温度变化

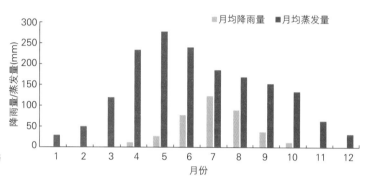

图2-2 白城市年均降雨量与
蒸发量

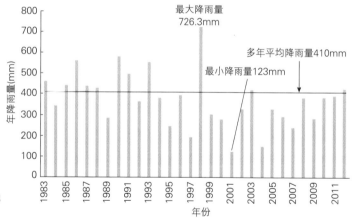

图2-3 1983—2012年白城地
区年降雨量情况图

3）场降雨情况

（1）最小降雨间隔时间确定

最小降雨间隔时间也称"无雨标准"，即两场降雨的界定标准，具体指无降雨或降雨量小于2mm的时间。

雨水设施规模的设计要权衡其排空时间和降雨间隔时间的关系。当降雨间隔大于设施的排空时间时，设施内滞留的径流雨水能够及时排出，以保证设施对连续降雨的控制能力。因此，对白城市典型雨水设施表层种植土的渗透性能进行检测，进而计算其排空时间，最小降雨间隔时间最终得以确定，为24h，分析过程如图2-4所示。

18

中国海绵城市建设
创新实践系列

中国北方寒冷缺水地区
"海绵"典范
——吉林白城海绵城市
建设实践路径

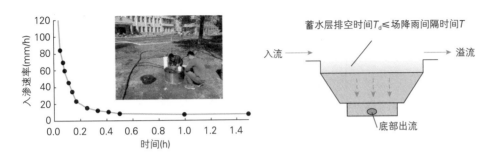

步骤一：典型雨水设施表层种植土入渗曲线检测，饱和入渗率为$1.34 \times 10^{-6} \sim 2.01 \times 10^{-6}$ m/s

步骤二：雨水设施的排空时间约20h

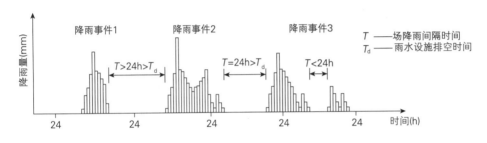

步骤三：按照间隔时间24h划分降雨场次

图2-4 最小降雨间隔时间确定过程示意图

（2）场降雨次数

根据白城站1983—2012年逐分钟降雨资料，统计分析白城市近30年场降雨次数，按最小降雨间隔时间24h（无雨或降雨量＜2mm的时间≥24h）进行降雨场次划分，如图2-5所示，30年平均降雨场次数为17.5场，平均降雨历时22.8h。

同时，对不同降雨量区间的多年平均降雨场次数、场降雨量与白城市80%年径流总量控制率的关系、场降雨的雨峰情况进行了分析，如图2-6所示，分析可知，白城市降雨雨峰靠前，有利于源头减排设施发挥其功能。

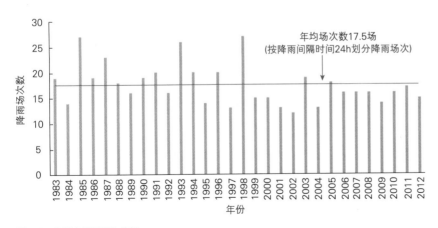

图2-5 白城市降雨场次分析

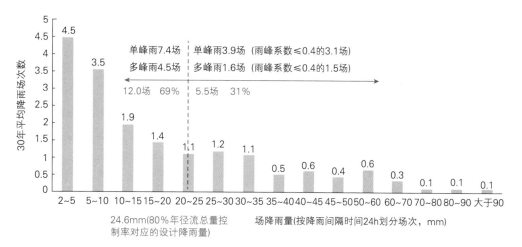

图2-6　不同降雨量区间多年平均场降雨次数

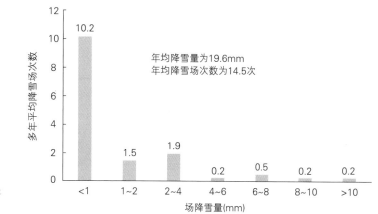

图2-7　不同降雪量区间多
年平均场降雨次数

此外，同样的方法，对白城市降雪场次进行分析，如图2-7所示，可知，白城市年均降雪场次数较多，但降雪量较小，源头减排设施可有效控制融雪径流。

2．设计降雨

1）降雨雨型

根据白城市降雨特征专题研究成果，白城市暴雨以短历时单峰雨型为主，30~180min短历时芝加哥雨型的雨峰位置系数为0.36，以5min为步长历时1440min的设计暴雨雨型主峰时间为190min。白城市不同重现期不同历时对应的设计雨量如表2-1所示，短历时雨型如图2-8所示，20年一遇1440min雨型如图2-9所示。

白城市不同重现期不同历时设计雨量（mm）　　　　表2-1

重现期	1440min	180min	120min	60min
100年	133.3	96.1	88.0	72.6
50年	119.6	86.4	79.2	65.3

20

中国海绵城市建设
创新实践系列

中国北方寒冷缺水地区
"海绵"典范
——吉林白城海绵城市
建设实践路径

续表

重现期	1440min	180min	120min	60min
30年	109.5	79.3	72.6	59.9
20年	101.4	73.6	67.5	55.7
10年	87.7	64.0	58.6	48.3
5年	73.9	54.3	49.8	41.0
3年	63.8	47.2	43.2	35.7
2年	55.8	41.6	38.1	31.4
1年	42.1	31.9	29.2	24.1
0.33年	20.1	16.4	15.0	12.4

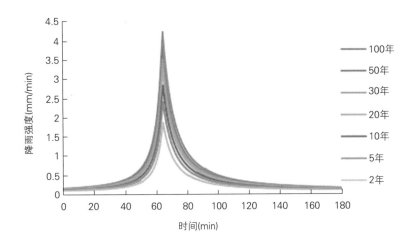

图2-8 白城市短历时
芝加哥雨型（180min）

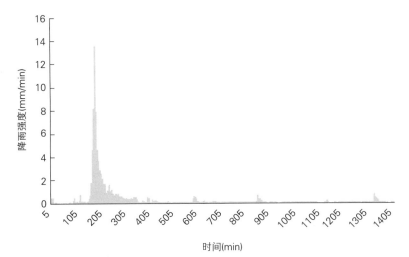

图2-9 白城市20年一
遇1440min雨型

2）暴雨强度公式

依据《室外排水设计规范》（2014年版）GB 50014—2006以及《城市暴雨强度公式编制和设计暴雨雨型确定技术导则》（2014年版），采用年最大值法重新推求白城市短历时暴雨强度公式，同时由5~1440min历时年最大值降雨资料推求长历时暴雨强度公式作为参考，得到新版暴雨强度公式如下：

短历时暴雨强度公式（P=0.25~100年，t≤180min）：

$$q=\frac{3193.708 \times （1+1.0071 \lg P）}{（t+18.852）^{0.885}} \qquad （2-1）$$

长历时暴雨强度公式（P=0.25~100年，180min＜t≤1440min）：

$$q=\frac{2986.895 \times （1+1.0861 \lg P）}{（t+18.080）^{0.881}} \qquad （2-2）$$

3）年径流总量控制率

通过白城市气象站提供的近30年逐日降雨量资料（1984—2013年），统计分析白城市年径流总量控制率与设计降雨量之间的关系，如表2-2和图2-10所示。

年径流总量控制率对应的设计降雨量   表2-2

年径流总量控制率（%）	50	60	70	75	80	85
设计降雨量（mm）	7.8	10.7	14.8	17.4	20.6	24.6

3．地形地质条件

1）地形条件

白城市为沙丘覆盖的冲积平原，地形整体呈现出从西北向东南逐渐降低的趋势。海绵城市试点建设区内地势平坦，区域内有数据区域最高点高程约157.1m，最低点高程约143.7m，算术平均高程约150.5m（图2-11）。坡度在5%以下的区域约占整个统计范围的95.9%。

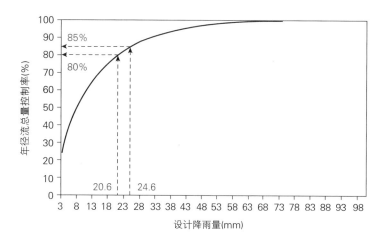

图2-10 白城市年径流总量控制率—设计降雨量曲线

22

中国海绵城市建设
创新实践系列

中国北方寒冷缺水地区
"海绵"典范
——吉林白城海绵城市
建设实践路径

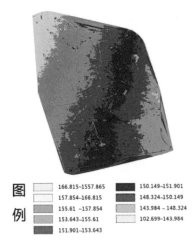

图2-11 白城市高程分析图　　　　图2-12 白城市典型区域土壤与地下水分析图

2）地质条件

白城市全市土壤共分13个土类，56个亚类，63个土属，159个土种。其中淡黑钙土、草甸土、风砂土、盐土和碱土是主要土类，占总幅员面积的56%。尤以淡黑钙土最为广泛，其占幅员面积的27.7%。

白城市市区位于洮儿河冲积扇上，主要含水层为第四系潜水含水层，含水层厚10~40m，地下水水位埋深3~10m之间。含水层透水性好，渗透系数一般100~200m/d。白城市整体地质条件非常有利于雨水入渗，如图2-12所示。

4.市域

1）流域划分

白城市域范围有划分为4个流域：洮儿河流域、霍林河流域、嫩江干流流域、黑木伦河流域，其中洮儿河流域和霍林河流域占市域面积的91%（表2-3、图2-13）。

白城市域内主要河流统计表　　　　　　　　　　　　　　　　　　　　　　　　　　　　表2-3

河流	境内长度（km）	境内流域面积（km²）	多年平均流量（m³/s）	多年平均径流量（亿m³）
洮儿河	235	126000	49.3	15.5
霍林河	300	3969	11.2	1.97
嫩江	176.5	42346	667	210.3

2）水生态

白城市域境内河流大部分分布在市边缘地带，有较大面积的闭流区，地表径流微小。主要河流依次为嫩江、洮儿河、霍林河、呼尔达河、蛟流河、二龙涛河、额木特河、那金河和文牛格尺河。全市大小泡沼700多个，现有月亮泡、向海两座大型水库和群昌、创业、团结、兴隆、胜利、五间房6座中型水库，总库容17.34亿m³。

图2-13 白城市流域分区图

市域境内拥有两个国家级湿地自然保护区，向海湿地与莫莫格湿地。向海保护区是以保护丹顶鹤等珍稀鸟类为主要目的的内陆湿地水域生态系统类型自然保护区，总面积105467万㎡。莫莫格自然保护区位于吉林省镇赉县境内，平均海拔142m左右，面积14.4万㎡，其中湿地面积占全区总面积的80%以上，为吉林省最大的湿地类型保留地。

白城向海的鹤世界闻名，全球有鹤类14种，向海占6种，包括丹顶鹤、白鹤、灰鹤、白头鹤、蓑羽鹤、白枕鹤。由于向海鹤的种类多，种群大，有"鹤乡"之美誉。

丹顶鹤又名仙鹤，濒危珍稀动物，国家一级重点保护野生动物，全球仅存1500只，分布于中国、日本、韩国、朝鲜、蒙古、俄罗斯。栖息于沼泽、湖泊、草地、海边滩涂、芦苇、沼泽以及河岸沼泽地带（图2-14）。

图2-14 "鹤乡"丹顶鹤（向海湿地）

24

中国海绵城市建设
创新实践系列

中国北方寒冷缺水地区
"海绵"典范
——吉林白城海绵城市
建设实践路径

3）水资源

白城市是一个水资源短缺的地区。全市水资源总量为22.72亿m³，约占全省水资源总量的5.6%，其中地下水天然资源量为20.83亿m³，地表水资源量为1.89亿m³。全市地下水可开采资源量为15.39亿m³，占地下水天然资源量的73.88%。

目前"引嫩入白"工程地表水引水量为3.2亿m³，主要用于灌区灌溉和补给洋沙泡。"引嫩入白"经白沙滩泵站从嫩江取水，引水通过干渠流经丹岱、嘎什根、哈吐气进入洋沙泡，规划从洋沙泡通过输水管道向白城供水，包括水厂用水和工业园区用水（图2-15）。"引洮入向"、"引霍入向"引水量分别为0.47亿m³和0.31亿m³，用于湿地生态环境补水。

洮北区水资源分析：2013年洮北区用水总量为6.56亿m³，地下水比例占到83%，洮北区出现了需水量远远大于可供水量的问题，而且产生了具有一定规模的地下水水位降落漏斗（图2-16）。人均水资源占有量分别仅为全国和吉林省人均水资源量的51%和75%。至2020年水资源需求量为8.3937亿m³，其中地表水、地下水分别可提供3.3亿m³、3.58亿m³，水资源量缺口为1.51亿m³，水资源短缺问题严重（表2-4）。

规划2020年在采取节水措施后，可节水1.38亿m³，加大中水（720万t）、雨水资源（1205万t）等非常规水资源的利用后，可缓解洮北区水资源短缺的问题（图2-17）。

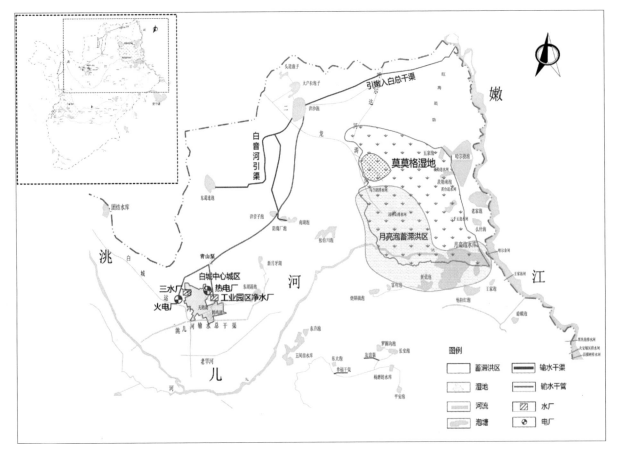

图2-15 白城市引水工程图

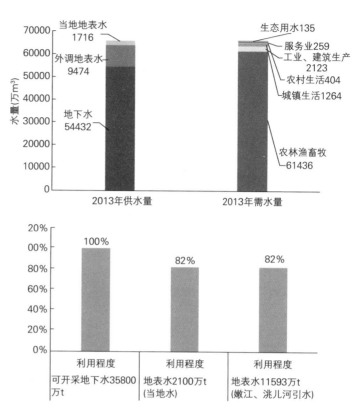

图2-16 2013年洮北区用水现状（用水量6.56亿m³，地下水占比83%）

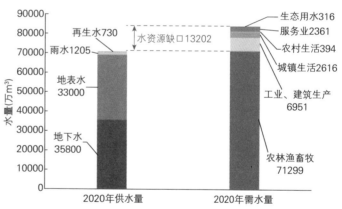

图2-17 2020年洮北区水资源供需平衡情况

2020年洮北区水资源供需情况

表2-4

需水量（万m³）							可供水量（万m³）					
城镇生活需水	农村生活需水	农林渔畜牧需水	工建生产需水	服务业需水	生态需水	需水合计	地表水	地下水	节水措施	雨水资源	再生水资源	可供水合计
2616	394	71299	6951	2361	316	83937	33000	35800	13800	1205	730	84735

4）水安全

白城市洮儿河堤防总长108.3km，设计标准为30~50年一遇洪水标准，其中城市段长度26.8km，防洪标准为50年一遇，相应建筑物级别2级；农村段长度81.5km，防洪标准为30年一遇，相应建筑物级别3级。嫩江防洪能力为50年一遇（表2-5）。

26
中国海绵城市建设
创新实践系列

中国北方寒冷缺水地区
"海绵"典范
——吉林白城海绵城市
建设实践路径

白城市域防洪工程情况 | | 表2-5

市域防洪工程	堤防建设	防洪标准
嫩江	白城市段堤防全部在嫩江右岸，全长107.831km	现状50年一遇
洮儿河	现有堤防长度为344.775km，其中左岸堤防长度为189.972km，右岸堤防长度为154.803km	城镇50年一遇防洪标准，农村段为30年一遇防洪标准
霍林河	堤防合计132条，总长度为115km	现状防洪标准不足10年一遇。霍林河治理工程可研设计防洪标准：霍林河城市防洪堤段防洪标准为50年一遇
月亮泡	月亮蓄滞洪区面积为950km²，依靠月亮湖湿地群"生态海绵"的洪水蓄滞功能，缓解洮儿河、嫩江洪水对流域下游的压力	

5）水环境

（1）江河水质现状

根据2013年地表水水质监测资料，按照国家《地表水环境质量标准》GB 3838—2002，采用水环境多因子综合评价法对白城市重点河段、水库的水质状况进行评价，统计结果见表2-6。

2013年地表水水质监测统计 | | | | | | | 表2-6

地表水监测点	嫩江大赉段	洮儿河镇西段	洮儿河洮南段	蛟流河宝泉段	月亮湖水库（Ⅲ类水标准）	向海水库一场（Ⅲ类水标准）	向海水库二场（Ⅲ类水标准）
水质情况	Ⅱ类	Ⅱ类	Ⅱ类	Ⅱ类	COD超标0.085倍，TP超标0.24倍	高锰酸钾指数超标0.25倍，COD超标0.995倍，TN超标0.15倍，氟化物超标2.29倍	COD超标0.255倍，氟化物超标0.56倍

（2）地下水水质现状

2016年5月对全市54眼水质监测井取样检测，仅有10眼监测井符合《地下水质量标准》GB/T 14848—1993Ⅲ类标准限制，其余点位均有超标。全市地下水水质基本符合Ⅳ类水标准，水质情况不容乐观，统计结果见表2-7。

2016年5月全市地下水水质检测结果统计 | | | 表2-7

超标因子	超标井数	超标率	最大超标倍数（Ⅲ类标准限值）
硫酸盐	1	0.02	0.3
溶解性总固体	7	0.13	0.6
总硬度	6	0.11	0.8
铁	10	0.19	1.7

续表

超标因子	超标井数	超标率	最大超标倍数（Ⅲ类标准限值）
锰	25	0.46	5
硝酸盐	5	0.09	3.3
氟化物	21	0.39	1.5
高锰酸盐指数	8	0.15	1.2

（3）水源地水质现状

2013年水源地水质监测资料，按照水源地的评价标准，对全市6处水源地的水质状况进行了评价，结果见表2-8。评价结果如下：这6处水源地的水质均符合《地下水质量标准》GB/T 14848—1993表中Ⅲ类水的标准，水质良好，一般化学指标和细菌学指标，以及毒理学指标全部达标，符合生活饮用水水源地的要求。

2013年全市水源地水质检测结果统计   表2-8

水源地名称	水源地类型	水质评价结果		达标评价
		一般化学指标和细菌学指标		
		水质类别	检测项目	
大安一水厂	地下水	Ⅲ	27	达标
镇赉一水厂	地下水	Ⅲ	10	达标
白城二水厂	地下水	Ⅲ	36	达标
白城三水厂	地下水	Ⅲ	36	达标
通榆北水厂	地下水	Ⅲ	36	达标
洮南一水厂	地下水	Ⅲ	11	达标

5. 中心城区

1）基础设施建设情况

（1）雨水管渠系统建设情况

白城市老城区既有雨水主要出路为北部雨水明渠和南部雨水明渠。新区雨水主要出路为鹤鸣湖，经过规划一河、长白路明渠进入天鹅湖，天鹅湖出水经过南干渠在环城高速路处与北干渠汇合，由东湖引水渠进入东湖湿地（图2-18）。受建设时期技术水平和经济条件的制约，老城区雨水收集设施落后。虽老城为分流制排水体制，但根据实地踏勘和在线流量监测数据，城区雨污混接现象严重，旱季进入雨水管道的生活污水初步估算为7440m³/d。截至2016年，市区雨水管线136km，暗渠23.7km，明渠5km。雨水管道设计标准P=1~3年。

（2）污水管渠系统建设情况

截至2016年，白城市区现有污水泵站10座，污水管线189km。建成区排水管道密

28

中国海绵城市建设
创新实践系列

中国北方寒冷缺水地区
"海绵"典范
——吉林白城海绵城市
建设实践路径

度（km/km²）为5%。污水管网排水分区根据既有污水处理厂、泵站位置、铁路线及地形，共分为10个汇水分区（图2-19）。

（3）污水处理厂建设情况

2016年污水处理厂进水达到964万m³，平均收集污水量为2.6万m³/d，实际污水排放总量6.25万t。现状污水处理厂处理能力为5.0万m³/d，污水处理厂现状处理工艺为氧化沟，出厂水水质达到《城镇污水处理厂污染物排放标准》GB 18918—2002的一级B标准，另增加深度处理工艺，使污水处理厂出水可以达到一级A的排放标准（工程在建）。规划2020年规模达到10.0万m³/d，远期扩建至16.5万m³/d。

2）水生态

（1）中心城区用地情况

白城市中心城区老城区建筑密度高，建筑、路面等不透水地面占的比例较大。新城区按新的城市规划标准建设，建筑密度相对较低，地面硬化程度也相比较老城区低。中心城区现有城市建设用地4278.13万m²，至2020年，城市建设用地5529.27万m²。至2030年，城市建设用地6750.52万m²（表2-9）。

白城市中心城区现状、规划建设用地　　　　　　　　　　　　　　　　　　　　　表2-9

用地名称		用地面积（万m²）	
		现状	规划（2030年）
居住用地		995.14	1535.53
公共管理与公共服务设施用地		317.35	472.33
其中	行政办公用地	65.32	76.09
	文化设施用地	10.47	15.14
	教育科研用地	181.5	276.74
	体育用地	19.2	50.14
	医疗卫生用地	40.86	54.22
商业服务业设施用地		148.67	366.1
工业用地		600	1613.65
物流仓储用地		321.26	426.32
道路与交通设施用地		428.49	1279.23
其中：城市道路用地		420.66	1246.9
公用设施用地		56.15	127.21
绿地与广场用地		344.3	930.15
其中：公园绿地		72.5	620.49
城市建设用地		3211.36	6750.52

图2-18　中心城区现状管网图

图2-19　污水管网及分区图

30

中国海绵城市建设
创新实践系列

中国北方寒冷缺水地区
"海绵"典范
——吉林白城海绵城市
建设实践路径

图2-20 中心城区河湖水系图

（2）中水城区水系

白城中心城区现状主要水系有洮儿河输水总干渠、新开河、规划一河、规划二河、规划三河、南部雨水明渠。水体主要有鹤鸣湖、劳动公园内水体、山地公园水体、天鹅湖、森林公园水体（图2-20）。

规划建设外环水系，总长41389m，规划平均水深1.5m，总容水量可达$1801425m^3$。外环水系由西外环、南外环、东外环、北外环四部分组成。

中心城区部分水系驳岸形式见表2-10所列。

中心城区部分水系驳岸形式 表2-10

水系	驳岸形式

鹤鸣湖占地面积$93.73hm^2$，水体面积$45.58hm^2$，容积91.8万m^3，常水位147.3m，20年一遇水位148m

续表

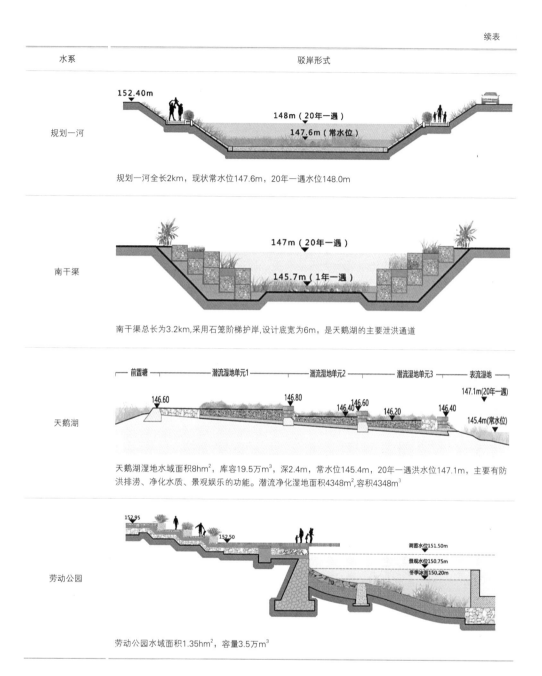

水系	驳岸形式
规划一河	规划一河全长2km，现状常水位147.6m，20年一遇水位148.0m
南干渠	南干渠总长为3.2km，采用石笼阶梯护岸，设计底宽为6m，是天鹅湖的主要泄洪通道
天鹅湖	天鹅湖湿地水域面积8hm²，库容19.5万m³，深2.4m，常水位145.4m，20年一遇洪水位147.1m，主要有防洪排涝、净化水质、景观娱乐的功能。潜流净化湿地面积4348m²，容积4348m³
劳动公园	劳动公园水域面积1.35hm²，容量3.5万m³

（3）产汇流特征

选取白城30年逐分钟降雨数据，结合实测水文参数，利用SWMM软件进行模拟，结果表明：在自然状态下，一般区域的年径流总量控制率为74.4%。

（4）地下水位情况

选取白城市海绵城市试点范围内光明11委4组2013年地下水水位进行分析，可知试点区范围内地下水丰水期埋深8.5m，枯水期埋深10m。

3）水资源

2016年中心城区总供水量为3592万m³，其中二、三水厂（地下水）供水1904万m³，自

备井（地下水）供水1408万m³，"引嫩入白"（外调地表水）供水280万m³全部用于生产用水
（图2-21）。用水现状表明中心城区供水主要为地下水，占比为92%，白城市自来水管道漏损
率为30.4%。

4）水环境

（1）生态新区鹤鸣湖现状水质

2017年8月3日，对生态新区鹤鸣湖、规划一河现状水环境进行取样分析，结果表明：现
状水质基本满足地表水环境质量标准Ⅳ类水标准限制，部分监测点位COD、BOD、TN略有超标。

（2）地下水污染

白城地下水水质现状不容乐观，2012年中心城区110家属楼（金鹿电影院旁边）部分居民
出现身体健康问题，与饮用水源受到污染有关，原因：小区居民饮用水来自小区自备井，生
活污水进入地下水含水层导致地下水受到污染。事件表明白城中心城区地下水已受到污染，
应加强对地下水水质的监管力度，逐步减少、杜绝居民私自使用自备井作为生活水源。

（3）污水处理厂出水水质

污水处理厂现状处理工艺为氧化沟，出厂水水质达到《城镇污水处理厂污染物排放标
准》GB 18918—2002的一级B标准（图2-22、图2-23），2016年出水量为1008万m³。目前正

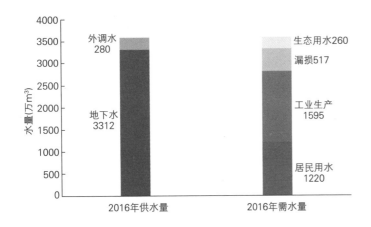

图2-21 2016年中心城区
现状用水构成

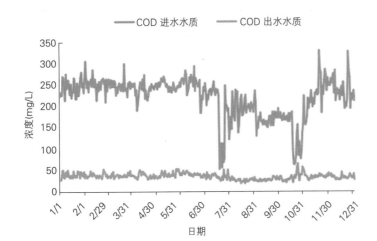

图2-22 2016年COD进
出水水质

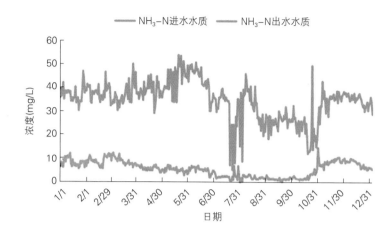

图2-23 2016年NH₃-N进
出水水质

进行提标改造，增加深度处理工艺，2018年污水处理厂出水可以达到一级A的排放标准。

（4）分流制雨污混接截流溢流量

老城区采用分流制排水体制，但雨污混接问题突出。通过对2017年10月15—25日胜利路截流设施前在线监测数据的统计分析，混接量约为6m³/（d·hm²），可估算老城区混接量约为7791m³/d。

5）水安全

根据历史记录，老城区积水点共14个，其积水原因主要有：①地下雨水管网淤积严重，对地下管网疏于管理；②小区基本无雨水管线，小区雨水大量汇入市政道路，加大了路面排水的压力；③白城市地形平坦，排水条件先天不足（图2-24）。生态新区雨水排口位于规划一河和鹤鸣湖，均为淹没出流（图2-25）。

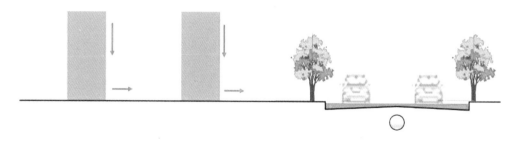

图2-24 老城区小区无管网，市政道路排水压力大

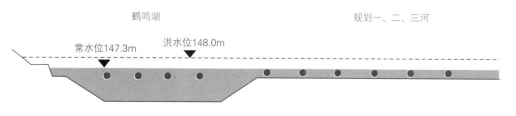

图2-25 新城区雨水管网淹没出流

2.1.3　问题识别

1．人居环境

中心城区人均公园绿地少，现状绿地与广场用地面积344.3万㎡，占城市建设用地的10.72%。其中，城市公园绿地面积72.5万㎡，人均公园绿地仅为2.58㎡。

水域面积小，中心城区仅有劳动公园和森林公园，公园基础设施不完善，品质一般，两个公园的水域面积仅为8.34hm²，仅占中心城区面积的0.38%（图2-26）。

老城区小区居住环境差，由于老城区小区建设年代较远，后期管理落后，小区普遍存在路面破损、垃圾随意堆放、绿化景观差且存在私搭乱建、停车位紧张等问题，严重影响老百姓的日常生活（图2-27）。

图2-26　公园环境实景图

图2-27　改造前小区实景图

2．水资源

1）水资源结构单一，地下水位下降

中心城区2016年总供水量为3592万m³，其中地下水供水量3312万m³，占比达到92%，地表水（"引嫩入白"）供水量仅为280万m³。白城市地下水位逐渐下降的形势日益加剧。居民实际生活用水量为1220万m³，中心城区现人口27.8万人，人均生活用水仅为120L/（人·d）。

2）非常规水资源利用率低

现状非常规水资源利用量很低，现状污水处理厂初步具备2万t的再生水供应能力，仅计划为白城热电厂提供1万t；白城年均降雨量为410mm，中心城区每年有约1205万t的雨水资源未加利用。至2020年，规划中心城区人口将发展到41万人，就目前的两个水厂的供水能力已经不能满足城市用水需求。至2020年，二、三水厂提标改造后总供水能力达到10万m³/d，自备水源供水4.5万m³/d，均来自地下水。"引嫩入白"（四水厂）实施后可供水4万m³/d，2020年平均日用水量为20.1万m³/d，仍存在1.6万m³/d缺口，在逐步关闭自备水源井的同时，加大再生水（2万m³/d）、雨水（3.3万m³/d）等非常规水资源的利用，可解决中心城区水资源短缺的问题（图2-28）。

3．水安全

1）老城区管网排水能力严重不足

应用Infoworks ICM模型软件时，管网排水能力常用管网的超负荷状态进行量化统计。管网负荷状态的计算值为水深与管道高度的比值，即充满度。当管段非满流时，管段的充满度小于1，负荷状态小于1；当管段满管后，管段水位已达到管道高度的上限，同时水力坡度小于等于管段坡度，此时管段超负荷，负荷状态等于1，说明下游管道过流能力偏小；当管段满管后，管段水位大于管道深度，同时水力坡度大于管段坡度，此时管段超负荷，负荷状态等于2，说明上游管道过流能力偏小，如图2-29所示。

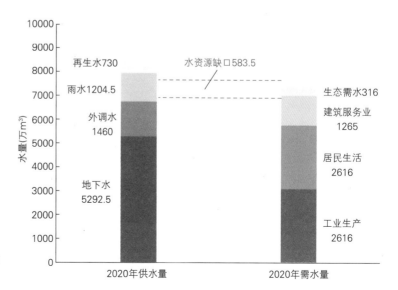

图2-28　2020年中心城区水资源供需情况

36

中国海绵城市建设
创新实践系列

中国北方寒冷缺水地区
"海绵"典范
——吉林白城海绵城市
建设实践路径

分别对现状老城区在0.33年一遇3h、1年一遇3h和2年一遇3h的降雨情境下进行一维模型模拟，结果显示：现状老城区管网排水能力不足0.33年一遇的管网长度比例达到93.0%，管网排水能力严重不足。在0.33年一遇3h（图2-30）、1年一遇3h（图2-31）和2年一遇3h（图2-32）三种降雨情境下，现状老城区管网不同超负荷状态的管网长度占比统计结果如图2-33所示。

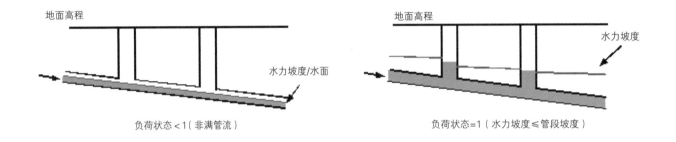

负荷状态 < 1（非满管流）

负荷状态 = 1（水力坡度 ≤ 管段坡度）

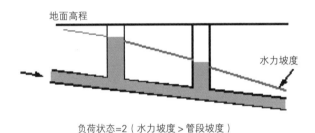

负荷状态 = 2（水力坡度 > 管段坡度）

图2-29　负荷状态

图2-30　海绵城市建设前管网排水能力（0.33年一遇3h）

图2-31　海绵城市建设前管网排水能力（1年一遇3h）

图2-32 海绵城市建设前管网排水
能力（2年一遇3h）

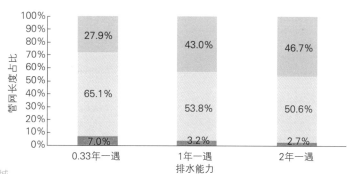

图2-33 不同降雨情境下现状老城
区管网排水能力分析图

2）老城区道路积水易涝点

结合历史积水易涝点，对现状老城区在2年一遇3h降雨情境下进行二维模型模拟，分析内涝风险区域（图2-34）。内涝风险等级以积水深度和积水时间为衡量标准划分为高、低两种，见表2-11所列。根据模拟结果，进一步分析积水易涝成因及其对策，见表2-12所列。

内涝风险等级　　　　　　　　　　　　　　　　　　　　　　　　　　　　　　表2-11

等级	积水深度（m）	积水时间（h）
低风险区	>0.15	>0.5
高风险区	>0.3	>1

中国海绵城市建设
创新实践系列

中国北方寒冷缺水地区
"海绵"典范
——吉林白城海绵城市
建设实践路径

老城道路积水易涝点积水成因及对策 表2-12

编号	位置	积水程度	成因分析	对策	备注
1	民主路与长庆街交叉口	积水深度0~0.15m，积水时间<2h	1.雨水口与连接管缺失 2.下游管网淤堵	1.多算雨水口与连接管新建 2.下游管道清淤	实际积水点
2	明仁街与民主路交叉口	积水深度0~0.15m，积水时间<2h	雨水口与连接管缺失	多算雨水口与连接管新建	实际积水点
3	民主路与青年街交叉口	积水深度0~0.15m，积水时间<2h	1.雨水口与连接管缺失 2.下游管网淤堵	1.多算雨水口与连接管新建 2.下游管道清淤	实际积水点
4	文化西路与光明街交叉口	积水深度0~0.25m，积水时间6h	1.雨水口与连接管缺失 2.下游管网淤堵	1.人行道暗渠导流 2.街头绿地生态沟渠、调蓄池综合调蓄利用	实际积水点
5	文化东路与和平街交叉口	积水深度0~0.20m，积水时间3h	1.管网淤堵且竖向衔接差 2.下游管网淤堵	1.管网更新 2.下游部分淤堵管网清淤、部分随道路扩容进行翻建	实际积水点
6	辽北路与红旗街交叉口	积水深度0~0.40m，积水时间3h	1.雨水口与连接管淤堵 2.下游现状泵站标准低	1.多算雨水口与连接管新建 2.街头绿地调蓄塘 3.泵站更新	实际积水点
7	海明路与长庆街交叉口	积水深度>0.3m，积水时间>1h	1.雨水口与连接管缺失 2.下游管网淤堵	1.多算雨水口与连接管新建 2.下游管道清淤	模拟积水点
8	金辉街与海明路交叉口	积水深度0~0.15m，积水时间<2h	雨水管线缺失	人行道新建线形排水沟	实际积水点
9	光明街与海明路交叉口	水深0~0.15m，积水时间<2h	雨水口与连接管淤堵	1.多算雨水口与连接管新建 2.科普公园多功能调蓄	实际积水点
10	民生西路与幸福街交叉口	积水深度>0.3m，积水时间>1h	管网淤堵	1.管网清淤 2.道路海绵改造	模拟积水点
11	新华路与长庆街交叉口	积水深度0~0.15m，积水时间<2h	1.雨水口缺失； 2.下游管道淤堵	1.多算雨水口与连接管新建； 2.下游管道清淤	实际积水点
12	金辉街与新华路交叉口	积水深度0~0.15m，积水时间<2h	管道断头	管道修复	实际积水点
13	青年街与新华路交叉口	积水深度0~0.15m，积水时间<2h	1.雨水口与连接管淤堵； 2.下游管网淤堵	1.多算雨水口与连接管新建； 2.下游淤堵管网随道路扩容进行翻建	实际积水点
14	朝阳路与爱国街交叉口	积水深度>0.3m、积水时间>1h	管网淤堵	管网更新改造	模拟积水点
15	新兴路与金辉街交叉口	积水深度0~0.15m，积水时间<2h	管道断头	管道修复	实际积水点
16	保胜路和幸福街交叉口	积水深度0~0.15m，积水时间<2h	雨水与连接管淤堵	多算雨水口及连接管新建	实际积水点
17	保胜路与瑞光街交叉口北侧	积水深度>0.3m，积水时间>1h	1.管径偏小 2.管网淤堵	1.管网更新改造 2.道路海绵改造	模拟积水点
18	保胜路和长庆街交叉口	积水深度>0.3m，积水时间>1h	1.雨水口与连接管缺失 2.下游管网淤堵	1.多算雨水口与连接管新建 2.下游管道清淤	模拟积水点
19	新兴路和明仁街交叉口南侧	积水深度>0.15m，积水时间>0.5h	1.雨水口与连接管淤堵 2.路面破损	1.多算雨水口与连接管新建 2.道路海绵改造	模拟积水点
20	保胜路与瑞光街交叉口东侧	积水深度>0.3m，积水时间>1h	管网设计标准低	道路海绵改造	模拟积水点
21	辽北路机务段	积水深度0~0.25m，积水时间62h	1.地势低洼； 2.下游穿铁路管网设计标准低	1.聚宾苑绿地调蓄工程； 2.下游管网提标改造	实际积水点
22	吉鹤广场周边	积水深度>0.3m，积水时间>1h	管网设计标准低	道路海绵改造	模拟积水点
23	昌盛路与创业街交叉口	积水深度>0.3m，积水时间>1h	1.路面破损 2.管网淤堵 3.地势较低	1.管网清淤 2.街头绿地调蓄塘	模拟积水点
24	新城家园小区内家园路	积水深度>0.3m，积水时间>1h	地势较低	道路海绵改造	模拟积水点
25	家园路与长庆街交叉口	积水深度>0.3m，积水时间>1h	地势较低	长庆湿地公园调蓄	模拟积水点
26	友谊嘉园小区内道路	积水深度>0.3m，积水时间>1h	管网淤堵	1.管网清淤 2.街头绿地调蓄塘	模拟积水点
27	丽江路穿铁路立交桥处	积水深度>0.3m，积水时间>1h	地势低洼	暴雨时车辆应急管理	模拟积水点

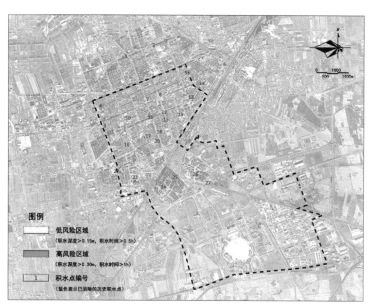

图2-34　2年一遇3h降雨情境下现状积水易涝点分布图

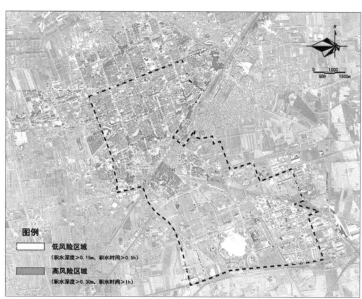

图2-35　20年一遇24h降雨情境下现状中心城区内涝风险图

3）中心城区内涝风险分析

对现状中心城区在20年一遇24h降雨情境下进行二维模型模拟，分析内涝风险区域。内涝风险等级同样以积水深度和积水时间为衡量标准划分为高、低两种。通过模拟分析，高、低风险区的淹没面积分别为140.9hm²和267.5hm²（图2-35）。

4．水环境

1）老城区分流制雨污混接截流溢流污染

将由监测数据统计出的老城区混接量为6m³/（d·hm²），将其作为模型中污废水入流基准值，分别模拟旱天24h和0.33年一遇24h（对应天鹅湖泄洪区溢流次数一年不超过3次的目标）降雨情境下现状老城区产生的混接量和截流溢流量。结果显示：旱天情境下，胜利路和南干渠截流设施可实现旱季全部截流，截流量分别为1665.24m³和1891.64m³；在0.33年一遇24h降雨情境下，胜利路和南干渠截流设施处将发生溢流污染，溢流量分别为3254.08m³和40082.69m³。

2）径流污染问题突出

（1）道路径流污染

EMC系指一次径流污染过程中污染物的流量加权平均浓度，即总污染量与总径流量之比：

$$EMC = \frac{M}{V} = \frac{\int_0^t C_t Q_t \, \mathrm{d}t}{\int_0^t Q_t \, \mathrm{d}t} = \frac{\sum_{i=1}^n C_i Q_i}{\sum_{i=1}^n Q_i} \qquad (2-3)$$

式中　EMC——径流污染物的平均浓度，mg/L；

　　　M——整个径流过程中污染物的量，g；

　　　V——径流总量，m³；

　　　t——时间，min；

　　　C_i——i时刻污染物的浓度，mg/L；

　　　Q_i——i时刻径流流量，m³/min。

$$L = \left[\frac{P \times CF \times R_v}{100} \right] \times C \qquad (2-4)$$

式中　L——定面积排水区域的年污染负荷，kg/（hm²·a）；

　　　CF——径流修正系数，一般取0.9；

　　　R_v——径流系数；

　　　P——年降雨量，mm/a；

　　　C——事件平均浓度，mg/L。

生态新区目前开发强度不高，下垫面多为道路与未开发地块。根据纵八路道路下垫面污染监测数据计算径流污染物平均污染负荷。按公式（2-3）得出道路下垫面径流污染物SS、COD、NH₃-N的EMC值分别为225.4mg/L、73.0mg/L、1.3mg/L（图2-36）。计算表明：COD的EMC值超过了《地表水环境质量标准》GB 3838—2002 V类标准超标倍数0.8；TSS的EMC值超过了《污水综合排放标准》GB 8978—1996第二类污染物排放限值三级标准，超标倍数4.1。结果表明：雨水径流未经处理直接排入受纳水体会造成严重污染，须加强雨洪管理，减少径流污染物排放量。

监测实景如图2-38所示。

（2）建筑小区径流污染

根据佳兴雅苑小区下垫面污染监测数据（图2-37）计算建筑小区平均污染负荷，按公式（2-3）得出SS、COD、NH₃-N的EMC值分别为116.8mg/L、34.1mg/L、0.65mg/L。

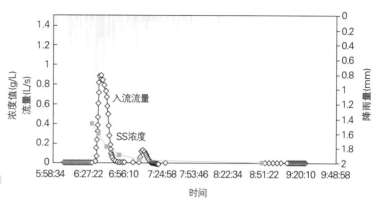

图2-36 道路采样点径流流量
与SS浓度曲线

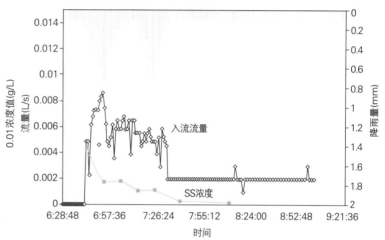

图2-37 小区采样点径流
流量与SS浓度曲线

图2-38 监测实景

　　根据上述计算的建筑小区、道路不同径流污染物平均浓度，由此估算生态新区每年排入规划一河、鹤鸣湖等河湖的污染总量，见表2-13所列。

白城市生态新区径流污染入河量汇总表

表2-13

污染因子	COD	NH₃-N	SS
污染物量（t/a）	173.7	3.2	607.3

4 2

中国海绵城市建设
创新实践系列

中国北方寒冷缺水地区
"海绵"典范
——吉林白城海绵城市
建设实践路径

2.2

建设目标

2.2.1　中心城区总体目标

白城市海绵城市建设立足北方寒冷缺水地区的自然生态本底，从目标和问题导向出发，科学系统地构建了基于雨水资源化渗蓄技术的多功能雨水调蓄技术体系与方案。

（1）以海绵城市建设为抓手，融合"旧城改造+PPP"，完成城市更新，提升人居环境，打造人、水、城和谐的城市水生态；

（2）通过雨水管控，最大程度利用雨水和再生水，弥补水资源缺口；

（3）通过径流总量控制提升老城区排水管渠能力，长效解决老城区积水问题及管网管理问题，控制老城区分流制雨污混接截流溢流污染；

（4）严格控制地块与道路径流污染，通过径流总量控制削减径流污染总量，保障鹤鸣湖水环境。

继而沿"一带一路"输出北方寒冷缺水地区海绵城市建设的经验模式和中国特色城市发展道路的"生态白城"智慧。

2.2.2　试点区国家考核目标

试点区具体目标见表2-14所列。

试点目标汇总表

表2-14

试点区域面积（km²）	年径流总量控制率	水生态			水环境		水资源	防洪排涝			机制建设					显示度
		生态岸线恢复	天然水域面积程度（%）	地下水位变化（%）	地表水体水质达标率（%）	初雨径流污染（以TSS计）	雨水资源利用率（%）	防洪达标率（%）	防洪标准（年一遇）	内涝防治标准	规划建设管控制度	技术规范与标准建设	投融资机制	绩效考核与奖励机制	制定促进相关企业的优惠政策	连片示范效应（百姓认知："小雨不积水、大雨不内涝、水体无黑臭、热岛有缓解"）；试点区域不得小于申报方案的总面积，且连片（不得小于15km²）达到海绵城市建设要求）
22	80%（20.6mm）	三面光岸线20%	3	地下水位3~10m	80%，达到IV类	40%	10	100	50	20	从无到有	从无到有	从无到有	从无到有	从无到有	是

2.3

试点区建设情况

2.3.1 排水分区划分

1．汇水分区划分

以自然属性为特征，基于中心城区雨水排水现状、地形地貌、道路规划和城市与自然水体的关系进行雨水汇水分区划分,将中心城区共划分为8个汇水分区，示范区范围内含其中5个汇水分区。各分区汇水面积、排水体制、雨水排口位置基本情况如图2-39、表2-15所列。

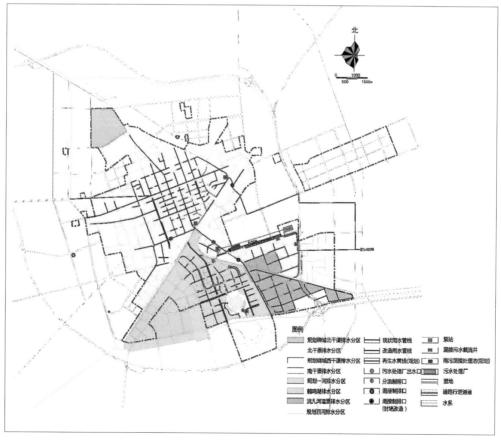

图2-39 中心城区排水分区图

44

中国海绵城市建设
创新实践系列

中国北方寒冷缺水地区
"海绵"典范
——吉林白城海绵城市
建设实践路径

试点区汇水分区统计表 表2-15

序号	服务区名称	汇水区面积（km²）	排水体制	雨水排水口位置
1	规划绕城北干渠排水分区	2.1	分流制	规划绕城北干渠
2	北干渠排水分区	13.6	混接制	北干渠
3	规划绕城西干渠排水分区	8.7	混接制	规划绕城西干渠
4	南干渠排水分区	19.8	混接制	南干渠
5	规划一河排水分区	12.3	分流制	规划一河、二河、三河
6	鹤鸣湖排水分区	3.1	分流制	鹤鸣湖
7	洮儿河灌渠排水分区	5.1	分流制	洮儿河灌渠、规划绕城东干渠
8	规划四河排水分区	7.7	分流制	规划四河

图2-40 试点区排水分区图

2. 排水分区划分

在5个汇水分区的基础上，以社会属性为特征，沿排水口上溯，按照管网排水边界，结合系统方案，划分为13个排水分区（图2-40、表2-16）。

试点区汇水分区、排水分区统计表 表2-16

序号	汇水分区名称	汇水区面积（km²）	排水分区编号	排水分区面积（km²）
1	北干渠汇水分区	0.5	N1	0.5
2	南干渠汇水分区	9.14	S1	3.6
			S2	2.36
			S3	0.88
			S4	2.3
3	规划一河汇水分区	5.12	R1	1.62
			R2	1.02
			R3	1.41
			R4	1.07
4	鹤鸣湖汇水分区	2.86	L1	1.77
			L2	1.09
5	洮儿河灌渠汇水分区	3.8	T1	1.03
			T2	2.77

3. 项目片区（服务区）

依据地块坡度、雨洪组织与溢流收排管网布局为依据，将示范区划分为4个项目片区：南干渠项目片区、规划一河项目片区、鹤鸣湖项目片区、洮儿河灌渠项目片区（图2-41）。

2.3.2 专项规划编制

白城市已编制完成《白城市海绵城市建设专项规划》，并于2016年获得批复（图2-42），规划中明确到2020年达到海绵城市要求的20%建成区范围，并明确了实施路径，详细内容见《白城市海绵城市建设专项规划》（图2-43）。

2.3.3 系统方案编制

白城市已编制完成《白城市海绵城市建设系统化实施方案》（见附录A）。

白城市海绵城市建设坚持以水资源综合利用为总体目标，紧抓源头减排，突出渗滞结合，做好留水文章；构建延时调节、多功能调蓄、 径流行泄通道等排涝除险关键工程体系及雨季雨污混接截流溢流污染控制、尾水湿地再生回用，解决老城区积水、新城区水环境

46

中国海绵城市建设
创新实践系列

中国北方寒冷缺水地区
"海绵"典范
——吉林白城海绵城市
建设实践路径

图2-41　试点区项目片区图

保障与排险除涝标准达标问题；创新融雪剂渗滤弃流技术、透水铺装抗冻融技术，使海绵城市适应北方高寒地区气候特点；建设源头减排系统、排水管渠系统、排涝除险系统以及应急管理综合系统，实现源头减排、过程控制、系统治理，全面推进海绵城市建设，改善民生，提升城市生态环境，继而沿"一带一路"输出北方寒冷缺水地区海绵城市建设的经验模式和中国特色城市发展道路的"生态白城"智慧（图2-44）。

白城市人民政府

白政函〔2016〕105号

白城市人民政府关于
白城市海绵城市专项规划的批复

市住建局：

你局《关于审请对〈白城市海绵城市专项规划〉批复的请示》（白住建请字〔2016〕179号）收悉，现就有关事宜批复如下：

一、原则同意《白城市海绵城市专项规划》，并按专项规划审批程序，报送省住房和城乡建设厅和同级人大常委会备案。

二、按照《白城市海绵城市专项规划》内容，抓紧做好白城市海绵城市建设，并严格执行规划各项要求。

三、按照本批复意见认真组织实施，任何单位和个人不得随意更改本规划。如需调整必须按照《海绵城市专项规划编制暂行规定》和《吉林省海绵城市建设技术导则（试行）》相关程序报批。

2016年10月18日

图2-42　白城市人民政府关于白城市海绵城市
专项规划的批复

图2-43 白城市海绵城市
分期建设规划图（2015-
2030）

图2-44 试点区系统方案建设
工程布局图

48

中国海绵城市建设
创新实践系列

中国北方寒冷缺水地区
"海绵"典范
——吉林白城海绵城市
建设实践路径

2.3.4 试点区域建设情况

截至2017年12月30日，白城海绵城市建设工程类项目包含建筑小区、城市道路、公园广场、行泄通道、水系、市政雨污水管道、积水点改造等，共计277个项目，全部完工。白城市海绵城市建设项目进度如图2-45所示，完工项目统计表见附录B。

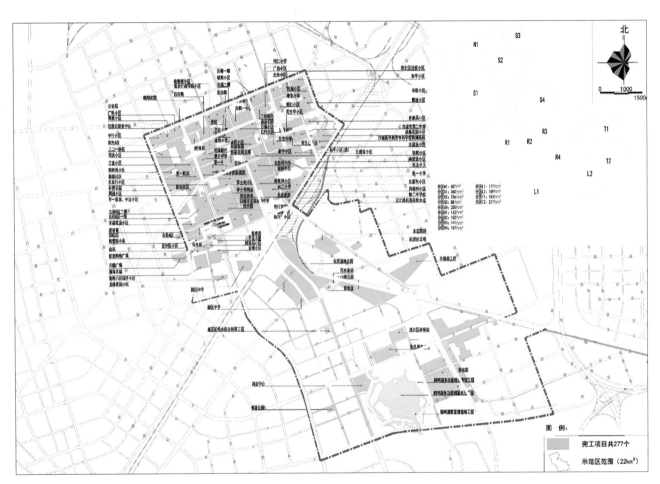

图2-45 白城市海绵城市建设项目进度图

2.4
水生态指标

2.4.1 年径流总量控制率

1．年径流总量控制率与设计降雨量

通过白城市气象站提供的近30年（1984—2013年）逐日降雨量资料，统计分析白城市年径流总量控制率与设计降雨量之间的关系，如表2-17和图2-46所示。

年径流总量控制率对应的设计降雨量   表2-17

年径流总量控制率（%）	50	60	70	75	80	85
设计降雨量（mm）	7.8	10.7	14.8	17.4	20.6	24.6

2．年径流总量控制率目标确定

1）水安全角度

白城内涝防治标准为20年一遇，经Infoworks ICM排水模型软件评估，得出老城区源头减排分担的径流总量为154308.1m³，生态新区源头减排分担的径流总量为107058.9m³（表2-18）。模拟得出经源头减排、过程控制、系统治理，白城市试点区海绵城市建设年径流总量控制率可达到80%（满足国家要求），对应设计降雨量为20.6mm。

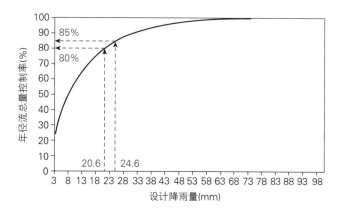

图2-46 白城市年径流总量控制率—设计降雨量曲线

50

中国海绵城市建设
创新实践系列

中国北方寒冷缺水地区
"海绵"典范
——吉林白城海绵城市
建设实践路径

各排水分区源头减排径流总量表 表2-18

汇水分区	排水分区	年径流总量控制率（%）	源头分担径流总量（m³）
南干渠	S1	80.8	29820.5
	S2	78.8	37277.2
	S3	55.1	9721.4
	S4	66.2	30536.2
北干渠	N1	78.8	7907.3
规划一河	R1	69.2	22470.9
	R2	68.1	13924.4
	R3	86.6	244478.7
	R4	69.7	14964.3
洮儿河灌渠	T1	41.3	8544.4
	T2	54.9	30501
鹤鸣湖	L1	55.5	19694.3
	L2	52.7	11526.3

　　低影响开发设施受降雨频率与雨型、低影响开发设施建设与维护管理条件等因素的影响，一般对中、小降雨事件的峰值削减效果较好，对特大暴雨事件，也可起到一定的错峰、延峰作用。根据白城市内涝风险情况分析，建成区内存在内涝风险，且管线重现期符合标准的比例相对较低，现状管网基本不能满足0.33年一遇排水能力。白城市低影响开发雨水系统作为城市内涝防治系统的重要组成，进一步提高白城市建成区排涝能力，提高现状管线重现期，建立从源头到末端的全过程雨水控制与管理体系，共同达到内涝防治要求。因此，间接可提高部分管网排水能力至1~2年一遇。海绵建设区域整体年径流总量率目标为80%，通过模型模拟结果，源头海绵设施加上现有排水管网系统，可综合提升片区排水能力达到2年一遇的标准。

　　2）水资源角度

　　基于中心城区水资源供需平衡分析可知，至2020年中心城区水资源缺口为1.6万m³/d。因此，通过海绵城市建设，计算每年雨水收集净化并用于道路浇洒、园林绿地灌溉、市政杂用、工农业生产、冷却、景观、河道补水等的雨水总量，年径流总量控制率为80%时，雨水资源回用量为1204.5万m³，雨水资源利用率达到25.4%；同时2万t/d的再生水除用于工业外还将用于鹤鸣湖生态补水，再生水利用率达到76.9%。通过非常规水资源的利用可实现中心城区水资源供大于需。

　　3）水环境角度

　　老城区主要为雨污混接截流溢流污染控制。老城区现状情况已在胜利路、南干渠实施截流，可实现污水零排放，但雨季仍有溢流污染，每年溢流次数约为17.5次。通过模型模拟，统计在0.33年一遇24h（降雨量为20.05mm，与年径流总量控制率80%对应的设计降雨量

20.6mm相差不多）的降雨情境下，LID（低影响开发）+改造管网情境下进入天鹅湖湿地的混接雨污水和溢流至天鹅湖泄洪区情况。结果显示：经过源头减排和截流设施截流，进入天鹅湖湿地的雨污水体积为15578.8m³，能够全部储存，且不发生溢流。因此，海绵城市建设年径流总量控制率为80%，可实现往天鹅湖泄洪区溢流次数不超过一年3次。

白城市中心城区境内主要水系为规划一河、二河、三河、鹤鸣湖，均属城市内河，主要污染物为雨水径流面源污染，根据鹤鸣湖水质监测数据及多场降雨径流雨水的监测计算可知，COD的EMC（Event Mean Concentration）值超过了《地表水环境质量标准》GB 3838—2002 V 类标准；TSS的EMC值超过了《污水综合排放标准》GB 8978—1996第二类污染物排放限值三级标准。为实现改善白城市水环境质量的目标，从雨水径流面源污染控制的角度，雨水径流外排水质应对悬浮物SS、化学需氧量COD_{cr}、NH_3-N等指标进行控制。

鹤鸣湖除雨水径流外无其他流量进入，属于污染物混合均匀的小型湖库，根据《水域纳污能力计算规程》GB/T 25173—2010，鹤鸣湖的水域纳污能力：

$$M=(C_s-C_0)V \qquad (2-5)$$

式中　M——纳污能力，t/a；

　　　C_0——初始断面的污染物浓度；

　　　C_s——水质目标浓度值；

　　　V——湖库容积，约为91.8万m³。

鹤鸣湖水体总容积为91.8万m³，考虑到目前鹤鸣湖水体主要来自洮儿河灌渠，洮儿河灌渠为 III 类水体，并根据实际监测，部分断面COD值仍可满足 III 类水体标准，所以取鹤鸣湖进水口（与洮儿河灌渠连通处）断面COD检测值18.7mg/L作为初始断面的污染物浓度，以 IV 类水体标准的控制目标，即30mg/L作为水质目标浓度值，计算鹤鸣湖的纳污能力约为：

$$M=\frac{30-18.7}{1000}\times 10000 \times 91.8=10373kg$$

合计鹤鸣湖COD容量为10.37t/a。

按照年均降水量410mm，鹤鸣湖流域3.7km²，综合径流系数取0.6，合计产水量1057800m³，根据本底监测数据，计算新区道路径流COD的平均浓度EMC值为73mg/L，小区COD的平均浓度EMC值为34.1，以此分别计算小区、道路不做低影响开发设施时每年排湖的COD总量为42.36t。目前新区道路已基本建设完成，综合其年径流总量控制率为70%，计算扣除源头减排后道路径流COD年入湖量，与鹤鸣湖纳污能力相比较，得出建筑小区允许排湖的最大污染物量，以此计算源头减排措施需要削减的COD量，COD总量削减需达到76.2%。根据白城市建筑小区年径流总量控制率与污染物削减率关系，确定出生态新区年径流总量控制率至少为79.3%（表2-19）。考虑新区目前大部分地块未开发，最终确定其年径流总量控制率为85%，并由此得出建筑小区源头减排SS削减率为80%，道路SS削减率达到84%，每年排湖的SS削减量为121.68t。

52

中国海绵城市建设
创新实践系列

中国北方寒冷缺水地区
"海绵"典范
——吉林白城海绵城市
建设实践路径

图2-47 白城市土壤入渗测试
点位图

鹤鸣湖水环境容量计算表

表2-19

水体	汇水面积（hm²)		水环境容量 （以COD计，t/a）	雨水径流污染物量 （以COD计，t/a)		源头控制污染量 （以COD计，t/a)		COD削 减率（%）	年径流总量 控制率（%）
	道路	地块		道路	地块	道路	地块		
鹤鸣湖	218.5	40.3	10.373	12.1	30.5	8.96	23.3	76.2	79.3

3．土壤与人工结构渗透规律

为明确土壤与人工结构渗透规律，选取典型雨水设施和未开发地块做土壤入渗试验，测试点位如图2-47所示，试验结果见表2-20所列。

部分渗水试验结果统计

表2-20

监测点位	入渗监测时间段	入渗监测间隔 （min)	入渗监测间隔 （h)	入渗体积 （mL)	内环面积 （cm²)	入渗速率 （cm/s)
典型建筑小区下城市绿地（白城市政府）（2017年9月21日）	9:30—9:45	15	0.25	320	830	4.29E-04
	9:45—10:00	15	0.25	150	830	2.01E-04
	10:00—10:15	15	0.25	180	830	2.41E-04
	10:15—10:30	15	0.25	120	830	1.61E-04
	10:30—11:00	30	0.5	300	830	2.01E-04
	11:00—11:30	30	0.5	300	830	2.01E-04
	11:30—12:30	60	1	600	830	2.01E-04
	12:30—13:30	60	1	600	830	2.01E-04

续表

监测点位	入渗监测时间段	入渗监测间隔（min）	入渗监测间隔（h）	入渗体积（mL）	内环面积（cm²）	入渗速率（cm/s）
典型道路生物滞留单元（纵八路）（2017年9月22日）	10:30—10:45	15	0.25	120	830	1.61E-04
	10:45—11:00	15	0.25	110	830	1.47E-04
	11:00—11:15	15	0.25	100	830	1.34E-04
	11:15—11:30	15	0.25	100	830	1.34E-04
	11:30—12:00	30	0.5	210	830	1.41E-04
	12:00—12:30	30	0.5	210	830	1.41E-04
	12:30—13:30	60	1	400	830	1.34E-04
	13:30—14:30	60	1	400	830	1.34E-04
典型未开发地块（2017年9月22日）	15:30—15:45	15	0.25	80	830	1.07E-04
	15:45—16:00	15	0.25	75	830	1.00E-04
典型未开发地块（2017年9月22日）	16:00—16:15	15	0.25	75	830	1.00E-04
	16:15—16:30	15	0.25	75	830	1.00E-04
	16:30—17:00	30	0.5	130	830	8.71E-05
	17:00—17:30	30	0.5	130	830	8.71E-05
	17:30—18:30	60	1	250	830	8.37E-05
	18:30—19:30	60	1	250	830	8.37E-05

4．模型评价

经英国Infoworks ICM（商业）软件模拟，关键参数经过率定，可以反映白城本地水文水动力的基本特征。

Infoworks ICM软件增加了LID/SuDs水文模块对LID设施进行优化表达，主要通过竖向层的组合来表示，其属性在单位面积基础上定义，方便在不同的集水区中灵活设定选取设施的规模面积。通过分析海绵城市建设项目设计施工图纸，典型海绵设施可总结概化为透水铺装、3种不同深度的生物滞留池和雨水池（桶）5种设施，其相应参数设置见表2-21所列。

典型海绵设施参数表   表2-21

LID类型	透水铺装	下沉式绿地	生物滞留带	雨水花园	雨水桶
护坡高度（mm）	0	150	200	300	0
表面粗糙系数（曼宁N值）	0.03	0.05	0.05	0.05	0.1
表面坡度（m/m）	0.01	0.005	0.005	0.005	0.01
侧向坡度（run/rise）	0.05	0.05	0.05	0.05	0.05
铺装厚度（mm）	80	100	100	100	100

5 4

中国海绵城市建设
创新实践系列

中国北方寒冷缺水地区
"海绵"典范
——吉林白城海绵城市
建设实践路径

续表

LID类型	透水铺装	下沉式绿地	生物滞留带	雨水花园	雨水桶
铺装空白比	0.3	0.15	0.15	0.15	0.15
渗透性（mm/h）	100	100	100	100	100
土壤种类	壤土	壤土	壤土	壤土	
土壤厚度（mm）	0	200	200	200	500
土壤孔隙率	0.463	0.463	0.463	0.463	0.5
田间降水量	0.232	0.232	0.232	0.232	0.2
凋萎点	0.116	0.116	0.116	0.116	0.1
导水率（mm/h）	29.972	29.972	29.972	29.972	12.7
导水率坡度	10	10	10	10	10
吸水头（mm）	88.9	88.9	88.9	88.9	88.9
消防栓管高（mm）	0	0	0	0	145000000
蓄存高度（mm）	300	50	50	50	150
蓄存空白比	0.3	0.3	0.3	0.3	0.75
渗流速度（mm/h）	12	10	10	10	10
排水系数（mm/h）	0	0	0	0	10000
排水指数	0	0	0	0	0.5
延时（h）	6	6	6	6	24
垫层厚度（mm）	75	75	75	75	75
垫层空白比	0.5	0.5	0.5	0.5	0.5
垫层粗糙系数（曼宁N值）	0.1	0.1	0.1	0.1	0.1

结合白城市海绵城市建设系统方案，进一步更新排水管网系统和加入海绵设施，最终构建一维与二维雨水径流控制系统模型（图2-48、图2-49）。

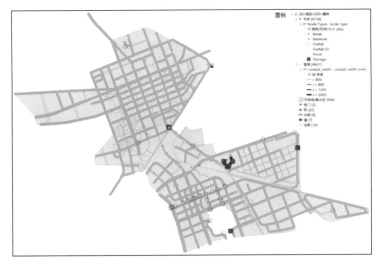

图2-48 一维雨水径流控制
系统模型

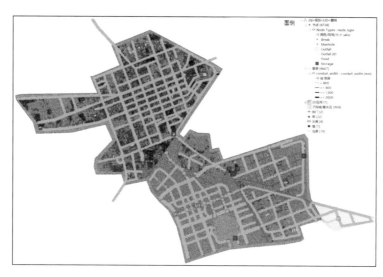

图2-49 二维雨水径流控制
系统模型

模型基础数据完整（气象数据、产流过程参数、汇流过程参数、管网数据、海绵设施数据）、关键参数经过率定且符合本地特征。

通过模型模拟，在0.33年一遇24h（降雨总量20.05mm，约为控制率80%时的设计降雨量）的降雨情境下，统计海绵城市建设后试点区各排水分区的外排峰值流量、混接污水流量和外排径流体积，进而分析出各排水分区的年径流总量控制率和相应的设计降雨量，如图2-50~图2-52所示。同时，可分析出老城区、生态新区和工业园区的源头部分年径流总量控制率分别能够达到72.5%、66.9%和51.2%。

5. 建筑雨落管断接

基于白城本底入渗条件好这一先天优势，建筑小区采用源头生态设施构建源头径流控制系统，突出渗滞结合，最大程度维持场地开发前后水文循环特征不变。建筑与小区以雨水入渗为主，老城区小区内基本未设置雨水管，通过合理的高程控制，并设置线性排水沟将雨落管雨水充分引入小区雨水花园、下沉式绿地、渗井进行消纳，部分小区采用高位花坛断接雨水径流，雨落管均采用断接。对个别有用水需求的小区（锦绣华府、白鹤一小区、市民服务中心、洮北区法院小区、科文中心、新区中学），在合理设置海绵设施的同时布设调蓄池对雨水进行回收利用。仅市政府设置了雨水管网；市政府内未设置雨水口，雨落管均直接接入下沉式绿地，经充分滞蓄、消纳后通过溢流口排放到市政管道。

2.4.2 水体岸线生态修复

白城中心城区现状主要水系有洮儿河输水总干渠、新开河、规划一河、二河、三河和南部雨水明渠。水体主要有鹤鸣湖、劳动公园内水体、山地公园水体、天鹅湖、森林公园水体。

56

中国海绵城市建设
创新实践系列

中国北方寒冷缺水地区
"海绵"典范
——吉林白城海绵城市
建设实践路径

规划建设外环水系，总长41389m，规划平均水深1.5m，总容水量可达1801425m³。外环水系由西外环、南外环、东外环、北外环四部分组成（图2-53）。

试点区范围内涉及生态驳岸改造和建设的项目有鹤鸣湖多功能调蓄水体工程，天鹅湖雨水综合利用示范工程，雨水南干渠生态明渠工程，规划一河、二河、三河工程，所有项目完工后，试点区范围内三面光岸线比例为6.8%，小于批复指标（三面光岸线20%），达到要求，具体修复和新增的驳岸见表2-22所列。

试点区生态岸线统计表　　　　　　　　　　　　　　　　　　　　　　　　　　表2-22

工程项目	生态驳岸长度(m)(岸线两侧)	建设性质	三面光岸线长度（m）
规划一河	2100	修复	900
规划二河	1070	修复	0
规划三河	1070	修复	0
鹤鸣湖	2418	修复	0
天鹅湖	2469	新建	0
南干渠生态明渠	3200	新建	0
总计	12327		900
	三面光岸线比例6.8%		

结合白城市实际情况整合相关规划，协调城市河流水系、水源工程保护和控制用地与城市规划建设用地的关系，合理确定城市蓝线的划定范围，落实蓝线用地，实现市区河流水系

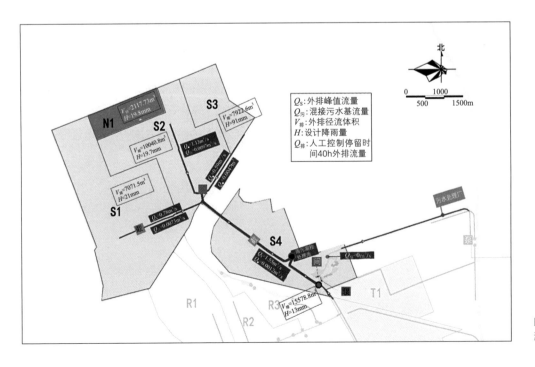

图2-50　老城区各排水分区
源头控制效果分析图

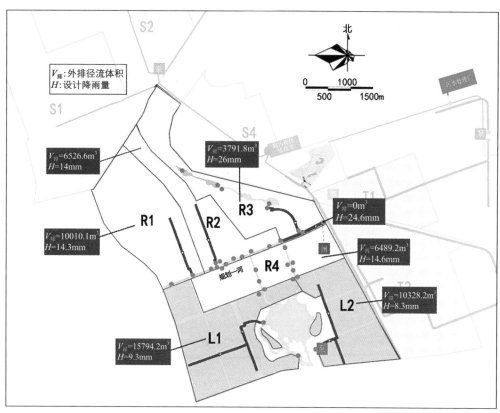

图2-51　生态新区各排水分区源头控制效果分析图

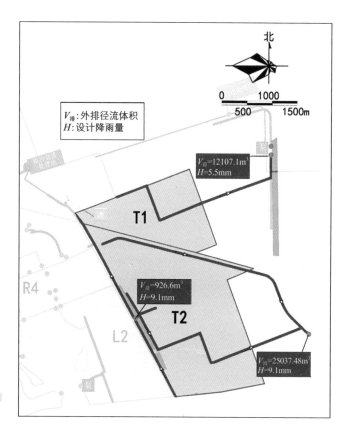

图2-52　工业园区各排水分区源头控制
效果分析图

58

中国海绵城市建设
创新实践系列

中国北方寒冷缺水地区
"海绵"典范
——吉林白城海绵城市
建设实践路径

图2-53 中心城区河湖水系图

在空间上的保护与管制（表2-23、图2-54）。

　　南部雨水明渠、东部雨水明渠、造纸厂污水渠是整个城市雨水污水排放的主通道，目前仍按现状时给出（因与蓝线规划范围存在冲突时，在整个工业园区在工程建设时，将水渠走向按照道路网现状进行调整）。在规划范围内的现状水系对地块的切割严重，对区域道路网破坏严重，随工业园区地块开发，将上述三条水渠并入丽江路明渠与东外环水渠再进行排出。

白城市河湖水系蓝线宽度

表2-23

序号	名称	蓝线控制宽度（m）
1	西运河	20
2	南干渠	15
3	东运河	12
4	北运河	12
5	内环	15
6	鹤鸣湖	30
7	森林公园人工湖	20
8	劳动公园金鱼湖	15
9	山地公园日月湖	20
10	天鹅湖湿地公园	30
11	长庆湿地公园	30
12	规划外东湖引水渠	10

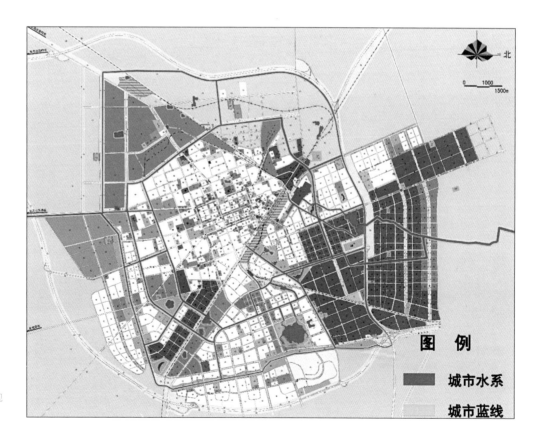

图2-54 白城市蓝线控制规
划图（2016-2030）

• 60

中国海绵城市建设
创新实践系列

中国北方寒冷缺水地区
"海绵"典范
——吉林白城海绵城市
建设实践路径

2.4.3 地下水埋深变化

调取白城市中心城区5个地下潜水位监测点水位埋深信息，分析地下水埋深变化（见附录C）。选取水文编号26600202监测点进行地下水水位分析，绘制5年内水位月动态曲线，结果表明，近5年该监测点地下水水位逐年升高（图2-55）；选用5个点位绘制年均地下水水位动态曲线，结果表明，表明各个点位年均地下潜水位保持稳定，且略有上升（图2-56）。综上地下水位埋深满足水生态指标的要求。

2.4.4 天然水域面积保持程度

试点区海绵城市建设前仅有森林公园水体，建设后天然水域面积共增加96186m²，湿地面积增加20357m²，海绵城市建设后试点区域内河湖、湿地等面积总面积为70.9hm²，占试点区面积（22km²）比例为3.2%，满足批复3%的要求，河湖、湿地面积统计详见表2-24所列。

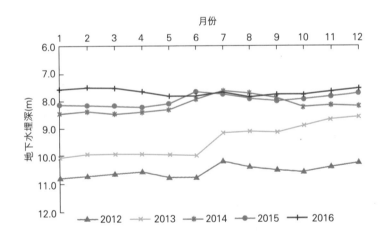

图2-55 近5年地下水水位逐月动态变化

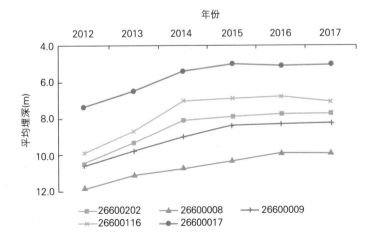

图2-56 各监测点地下水水位年均动态变化

建设后河湖、湿地面积统计表   表2-24

水域	新增水域（m²）	新增湿地（m²）
天鹅湖	73415	4348
长庆街湿地	—	16009
山地公园	22771	—
规划一河、二河、三河	87380	—
鹤鸣湖	455800（现状修复）	—
森林公园水体	79400（现状）	—

　　白城市海绵城市建设前后遥感图对比如图2-57、图2-58所示。

图2-57　白城市海绵城市建设前（2015年4月）　　　　　图2-58　白城市海绵城市建设后（2017年8月）

6 2

中国海绵城市建设
创新实践系列

中国北方寒冷缺水地区
"海绵"典范
——吉林白城海绵城市
建设实践路径

2.5

水环境指标

2.5.1 地表水体水质达标率

1. 区域内水体无黑臭现象

白城海绵城市之前地表水体主要为鹤鸣湖，试点区域内不存在黑臭水体，建设完成后水体主要有鹤鸣湖、规划一河、二河、三河、天鹅湖、山地公园，且各水体均无出现黑臭现象（图2-59）。

2. 河湖水系水质情况

白城海绵城市建设之前鹤鸣湖属于地表水V类水，海绵城市建设完成后达到《地表水环境质量标准》IV类标准，且新增水域一河、二河、三河，天鹅湖，山地公园水质均满足IV类标准。达到批复的标准要求（IV类），且不低于海绵城市建设前的水质（表2-25、表2-26）。

白城市人民政府

白城市人民政府
关于我市黑臭水体排查情况的函

省住建厅：

按照《省住建厅 省环保厅 省水利厅关于对城市建成区黑臭水体情况调研的通知》（吉建发〔2015〕29号）文件要求，我市根据《黑臭水体整治工作指南》，积极组织开展了城市建成区内的黑臭水体排查。经排查，我市城市建成区内无黑臭水体存在。

特此函告。

图2-59　黑臭水体排查情况

2.5.2 初雨污染控制

1. 径流总量控制率与污染削减率关系

由于场地内的污染物易随雨水径流排放到不同的区域、受纳水体等。因此控制了一定的径流外排量，即控制了一定的污染物排放量，年径流总量控制率与污染控制目标存在密切的相关关系。

根据实际监测纵八路与佳兴雅苑降雨量、污染物浓度及径流量之间关系，计算不同降雨区间内的径流量及污染物量，同时计算出小区与道路平均污染负荷，以此推求设计降雨量与污染物削减率关系。

海绵城市建设前后鹤鸣湖水质对比 表2-25

送样点位	送样日期	检测项目及结果						
		pH	COD (mg/L)	NH₃-N (mg/L)	SS (mg/L)	BOD₅ (mg/L)	TN (mg/L)	TP (mg/L)
鹤鸣湖进水口	2015年11月10日	7.92	40.2	0.499	18	10.1	5.05	0.028
	2017年10月10日	7.55	25	1.04	12	4.2	1.12	0.047
鹤鸣湖4号桥水样	2015年11月10日	8.01	42.6	0.483	15	10.2	5.13	0.016
	2017年10月10日	7.61	23	1.00	11	5.5	1.21	0.057
鹤鸣湖北广场	2015年11月10日	—	—	—	—	—	—	—
	2017年10月10日	7.98	29	1.09	16	6	1.40	0.067
IV类水标准限制		6～9	30	1.5	—	6	1.5	0.1

海绵城市建设后规划一河、二河、三河 表2-26

送样点位		规划一河	规划二河	规划三河	IV类水标准限制
送样日期		2017年10月10日	2017年10月10日	2017年10月10日	
检测项目及结果 (单位: mg/L, pH除外)	pH	7.88	7.76	7.89	6～9
	COD (mg/L)	21	19	25	30
	NH₃-N (mg/L)	1.10	1.11	1.26	1.5
	SS (mg/L)	24	26	18	—
	BOD₅ (mg/L)	5.8	5.8	5.3	6
	TN (mg/L)	1.55	1.25	1.42	1.5
	TP (mg/L)	0.088	0.072	0.084	0.1

$$\beta = \frac{\Sigma M_{nH_n}}{EMC \cdot V_年} = \frac{\Sigma C_n V_{nH_n}}{EMC \cdot V_年} \qquad (2-6)$$

式中　β——污染物削减率;

　　　C_n——某降雨时段内污染物平均浓度, mg/L;

　　　V_{nH_n}——某降雨时段内降雨量为H时对应的年均降雨量、年均径流体积, m³;

　　　EMC——事件平均浓度, mg/L。

　　由图2-60、图2-61可知, 白城市总量控制与不同污染物削减率趋势基本相同, 道路初期冲刷效应较为明显。当道路年径流总量控制率为65%时, SS削减率可达到71%, COD削减率

64

中国海绵城市建设
创新实践系列

中国北方寒冷缺水地区
"海绵"典范
——吉林白城海绵城市
建设实践路径

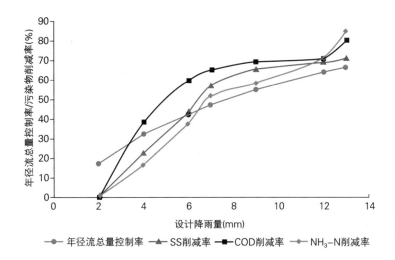

图2-60 道路径流污染削减率与年径流总量控制率关系

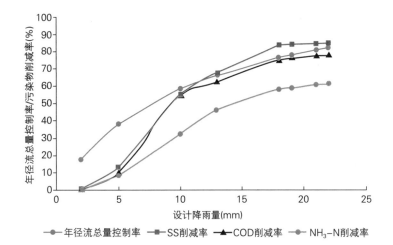

图2-61 建筑与小区径流污染削减率与年径流总量控制率关系

为80%，NH₃-N削减率为84%；当建筑小区年径流总量控制为80%时，SS削减率可达到84%，COD削减率为77.5%，NH₃-N削减率为60.6%。

2.分流制雨污混接溢流截流污染控制

1）雨水管网不得有污水混接排入

老城区排水体制虽为雨污分流制，但存在雨污混接现象，实属分流制雨污混接截留溢流排水体制，源头彻底治理难度大，短期内难以实现。白城市海绵城市建设老城区积水点综合整治与水环境综合保障PPP项目将对雨水管渠系统结构性和功能性缺陷治理，对管渠的连通性和淤堵情况进行CCTV定期监测，完善老城区管渠管理系统，PPP运营维护周期（14年）内每年完成混接率削减10%，逐步实现管渠疏通率100%，污水混接率为0。

2）非降雨时段，分流制雨污混接管渠不得有污水直排水体

老城区实属分流制雨污混接截留溢流排水体制，现状已在胜利路主干管、南干渠实施混接污水完全截流，旱季污水无直排。根据在线监测数据的统计分析，老城区雨污混接量约为

7791 m³/d，已全部截流至污水处理厂。

3）分流制混接管渠溢流污染控制

雨季时，老城区分流制雨污混接截流仍会发生溢流，因此综合考量源头治理的难度、成本和效果，制定了针对混接污水末端截流、调蓄的分期整治方案。规划在排水干渠末端建设小型雨污水处理池，新建截污干管，非降雨期污水及降雨初期雨水应尽快自流排入邻近截污干管，处理站通过格栅、颗粒分离器等处理设备，对雨污水进行预处理，通过处理池处理后的雨污水进入天鹅湖人工湿地进行深度净化后排入调蓄水体，实现末端生态治理后排入水体。

3. 雨水径流污染控制

老城区通过源头减排及末端雨污混接截流溢流处理控制雨污水混接污染、雨水径流污染。生态新城雨水管网均属淹没出流，且海绵城市建设前水面已部分形成，因此，新区对碧桂园片区、新区中学、新城家园棚改片区实施海绵生态化改造，并创新道路断面形式，采用多种形式的带有停车功能的海绵绿带，从源头实现总量减排，末端分别通过末端湿地公园、泵站入湖口人工湿地进行集中雨水净化入渗和调蓄利用，实现末端生态治理后排入水体。

生态新区主要为鹤鸣湖、规划一河水环境保障，通过源头减排、道路行泄通道过程管控、雨水面源污染控制、末端净化湿地、生态岸线等，基于鹤鸣湖、规划一河水环境容量核算，确定生态新区年径流总量控制率为85%，SS削减率80%，则生态新区每年可减少排入鹤鸣湖水体、规划一河的SS总量约485.8t，COD排放量约132t，NH_3-N排放量可减少约2.56t，对水环境改善、生态平衡的恢复起到了巨大作用。

66

中国海绵城市建设
创新实践系列

中国北方寒冷缺水地区
"海绵"典范
——吉林白城海绵城市
建设实践路径

2.6

水资源指标

2.6.1 雨水资源利用率

白城市通过海绵城市建设，统计每年雨水收集净化并用于道路浇洒、园林绿地灌溉、市政杂用、工农业生产、冷却、景观、河道补水等的雨水总量，雨水资源利用率达到25.4%。

白城市建筑与小区共设置14个调蓄池对雨水进行收集回用，以锦绣华府为例计算小区内雨水年利用量（小区内设置喷灌系统，用于小区绿地浇灌和道路喷洒）。

$$V=10H \times F \times \varphi \times a \qquad (2-7)$$

$$H_1=V_1/10F\varphi \qquad (2-8)$$

式中　V——调蓄池雨水年利用总量，m^3；

　　　V_1——调蓄池容积，m^3；

　　　H——年平均降雨量，mm，取多年平均410mm；

　　　H_1——调蓄池设计降雨量，mm；

　　　φ——综合雨量径流系数；

　　　F——汇水面积，hm^2；

　　　a——调蓄池容积对应年径流总量控制率。

计算结果见表2-27所列。

建筑小区雨水年回用水量计算统计　　　　　　　　　　　　　　　　　　　　　　表2-27

建筑小区	H(mm)	F(m²)	φ	a	H_1(mm)	V_1(m³)	V(m³)	回用性质
锦绣华府	410	24277	0.66	61.90%	11.3	181	4066	灌溉
白鹤一小区	410	17692	0.67	67.90%	13.7	162	3300	灌溉
东新兴	410	33113	0.62	50.50%	7.9	162	4251	灌溉
科普公园	410	1405000	0.52	27.80%	3.4	2471	83274	景观补水
科文中心	410	82149	0.42	62.60%	11.6	400	8855	灌溉、道路喷洒
市民服务中心	410	138258	0.68	31.80%	4.0	380	12258	灌溉、道路喷洒

续表

建筑小区	H（mm）	F（m²）	φ	a	H₁（mm）	V₁（m³）	V（m³）	回用性质
新城家园	410	180097	0.49	67.60%	13.6	1200	24459	灌溉、道路喷洒
新区中学	410	76506	0.62	51.60%	8.2	390	10035	灌溉、道路喷洒
洮北区法院小区	410	25990	0.68	52.00%	8.3	146	3768	灌溉

生态新区划分为鹤鸣湖排水分区和规划一河排水分区，鹤鸣湖收集其区域内经过源头减排的径流雨水经过湿地处理后用于鹤鸣湖景观补水，规划一河收集其区域内经过源头减排的径流雨水用于河道补水（图2-62、表2-28、表2-29）。

$$V'=10H×F×\varphi \quad (2-9)$$

式中　　V'——雨水年利用总量，m³；

H——经过源头减排的年均降雨量，mm；

φ——综合雨量径流系数；

F——汇水面积，hm²；

水系河道年雨水补水计算统计　　　　　　　　　　　　　　　　　　　　表2-28

水系河道	F（m²）	φ	H（mm）	V（m³）
鹤鸣湖	28600000	0.6	105.8	1815528
规划一河、二河、三河	5120000	0.6	105.8	325018

白城海绵城市建设雨水资源利用率计算统计　　　　　　　　　　　　　　表2-29

项目	雨水年利用总量（m³）	汇水区面积（km²）
建筑小区	154266	
水系河道	2140546	22
总计	2294812	
雨水利用率	25.4%	

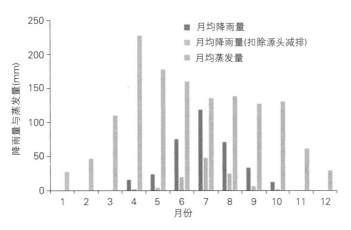

图2-62　生态新区扣除源头减排外月均降雨

68

中国海绵城市建设
创新实践系列

中国北方寒冷缺水地区
"海绵"典范
——吉林白城海绵城市
建设实践路径

统计得出雨水年利用总量为2294812m³，根据公式，雨水利用率=（雨水年利用总量÷汇集该部分雨水的区域面积）/年均降雨量，得出白城海绵城市建设雨水资源利用率25.4%，达到批复指标10%的要求。

雨水回用水质指标满足城市杂用水质标准，检测市民服务中心调蓄池出水水质，见表2-30所列。

雨水回用水质指标检测报告 表2-30

送样点位	送样日期	雨水检测项目及结果						
		pH	COD（mg/L）	NH₃-N（mg/L）	SS（mg/L）	BOD₅（mg/L）	溶解氧（mg/L）	浊度
市民服务中心调蓄池出水口	2017年8月4日	7.45	20	1.18	8	7.8	5.24	5
城市杂用水水质标准（绿化）		6~9	≤30	≤20	≤10	≤20	≥1	≤10

2.6.2 污水再生利用率

白城市目前已建成再生水厂，初步具备2万t/d的再生水供应能力，出水水质达到一级A标准，目前，白城热电厂再生水需求量约为1万t/d，剩余1万t的再生水通过湿地公园内人工湿地处理后，经山地公园、纵十三路大排水通道、规划一河，回补鹤鸣湖（表2-31）。白城中心城区现状污水处理量为2.6万m³/d，再生水用量为2万m³/d，污水再生利用率为76.9%。吉林省发展改革委关于白城市再生水及污泥处理工程初步设计的批复见附录D1。

再生水用水构成 表2-31

用水需求	再生水用量（m³/d）	用水性质
鹤鸣湖	10000	景观补水
热电厂	10000	工业生产

2.7

水安全指标

2.7.1　内涝防治标准

1．模型评估

白城市排水防涝能力评估使用Infoworks ICM（商业）构建模型进行模拟，水文模块参数主要包括产流模型参数与汇流模型参数。产流模型主要用于确定除去降雨的初期损失后进入系统的降雨径流量；汇流模型主要用于确定降雨以多快的速度汇入系统。结合白城市本地特征，对常见的产汇流模型进行比较分析，最终白城市试点区模型不透水下垫面的产流模型选用固定比例径流模型，透水下垫面的产流模型选用Horton渗透模型，汇流模型选用SWMM径流模型。产汇流参数见表2-32所列。

不同下垫面产汇流参数表　　　　　　　　　　　　　　　　　　　　　　　　　　　　　　　　表2-32

产流表面编号	描述	汇流类型	汇流参数	径流量类型	表面类型	初损类型	初期损失值（m）	初期损失系数	汇流模型	固定径流系数	Horton初渗率(mm/h)	Horton稳渗率(mm/h)	Horton衰减率(1/h)
1	道路广场	Abs	0.013	Fixed	Impervious	Slope	0.00007100	0.00000000	SWMM	0.85000	—	—	—
2	屋面	Abs	0.013	Fixed	Impervious	Slope	0.00007100	0.00000000	SWMM	0.85000	—	—	—
3	绿地	Abs	0.200	Horton	Pervious	Slope	0.00028000	0.00000000	SWMM	—	120.000	3.000	0.051

将现状排水管网普查数据导入Infoworks ICM模型网络中，并对其进行拓扑核查与完善，构建1D管网模型，基于地面高程模型，将一维排水管网系统中的节点洪水类型修改为2D，然后将模拟区域2D网格化，最终构建二维地表漫流系统模型（图2-63）。

模型基础数据完整（气象数据、产流过程参数、汇流过程参数、管网数据、海绵设施数据）、关键参数经过率定且符合本地特征（表2-33）。具体参数选择见表2-34。由此进行管网排水能力、内涝风险模型分析。

70

中国海绵城市建设
创新实践系列

中国北方寒冷缺水地区
"海绵"典范
——吉林白城海绵城市
建设实践路径

试点区模型参数率定   表2-33

产流表面编号	描述	汇流类型	汇流参数	径流量类型	表面类型	初损类型	初期损失值（m）	初期损失系数	汇流模型	固定径流系数	Horton初渗率(mm/h)	Horton稳渗率(mm/h)	Horton衰减率(h⁻¹)
1	道路广场	Abs	0.013	Fixed	Impervious	Slope	0.00007100	0.00000000	SWMM	0.85000	—	—	—
2	屋面	Abs	0.013	Fixed	Impervious	Slope	0.00007100	0.00000000	SWMM	0.85000	—	—	—
3	绿地	Abs	0.200	Horton	Pervious	Slope	0.00028000	0.00000000	SWMM	—	120.000	3.000	2.000

试点区模型参数率定结果   表2-34

道路广场固定径流系数	0.9	屋面固定径流系数	0.8
绿地初渗率	120（mm/h）	绿地稳渗率	3（mm/h）
绿地衰减率	2（h⁻¹）	曼宁系数	0.013

2. 管网排水能力提标贡献

源头低影响开发设施不仅能有效控制径流总量，同时也能有效削减峰值流量，延缓峰现时间。海绵城市建设能有效提高老城区管网排水能力。由于现状老城区管网93%的管网不足0.33年一遇，对海绵城市建设后0.33年一遇24h的降雨情境下进行模型模拟，老城区管网排水能力与建设前相比能够提高60.0%；而在2年一遇3h的降雨情境下进行模型模拟时，老城区管网排水能力与现状相比仅能提高15.0%，如图2-64所示。

3. 积水易涝点消除

通过在2年一遇3h降雨情境下对海绵城市建设前后进行模型模拟，结果显示：海绵城市建设可有效缓解和消除积水易涝点，其中老城区积水易涝点基本得到有效消除（图2-65）。

中心城区排水防涝目标为有效应对20年一遇降雨事件。在20年一遇24h降雨情境下，

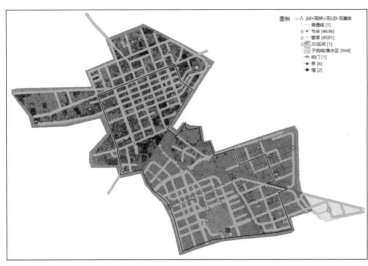

图2-63 二维地表漫流系统概化图

图2-64　海绵城市建设后管网排水能力（2年一遇3h）

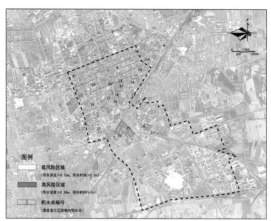

图2-65　海绵城市建设后积水易涝点消除效果图（2年一遇3h）

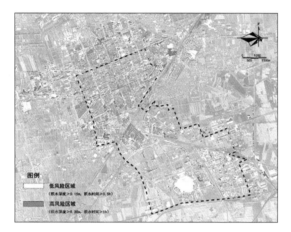

图2-66　海绵城市建设后中心城区内涝风险图（20年一遇24h）

模拟海绵城市建设后的内涝风险区，如图2-66所示。通过模拟分析，高、低风险区的淹没面积分别为207.2hm²和116.7hm²。与现状（见图2-36）相比，中心城区高风险区域减少比例达到56.4%。

4．群众满意度高

白城市海绵城市建设试点基本消除积水点，群众满意度调查结果显示，群众满意度高（表2-35、表2-36）。

受访人群情况表　　　　　　　　　　　　　　　　　　　　　　　　　　表2-35

职业	人数	年龄	人数	学历	人数	性别	人数
机关	40	20岁以下	25	中学	40	男	270
企业	113	20~40岁	202	高中	120	女	140
个体经营	140	40~60岁	145	本科	230		
农民	81	60岁以上	38	硕士	20		
学生	30	—	—	—	—	—	—
其他	6	—	—	—	—	—	—

72

中国海绵城市建设
创新实践系列

中国北方寒冷缺水地区
"海绵"典范
——吉林白城海绵城市
建设实践路径

白城海绵城市满意度调查表统计 表2-36

序号	问题	答案	人数	百分比
1	您知道海绵城市是什么吗	大概了解	310	76%
		不太了解	90	22%
		完全不知道	10	2%
2	您希望你所在的城市建设成为海绵城市吗	非常希望	289	70%
		比较希望	113	28%
		不希望	8	2%
3	对于白城市进行海绵城市建设是否满意	满意	360	88%
		基本满意	38	9%
		不满意	12	3%
4	海绵城市的建设，对于居住环境的改善是否满意	满意	330	80%
		基本满意	69	17%
		不满意	11	3%
5	您对您城市河湖水系水环境总体情况是否满意	满意	126	31%
		基本满意	278	68%
		不满意	6	1%
6	海绵城市建设解决了城区内涝、"看海"问题	已解决	221	54%
		基本解决	189	46%
		未解决	0	0%
7	海绵城市改造的施工过程可能会对您的生活产生一定影响，您是否能够接受	理解并支持	397	97%
		不能接受	13	3%
8	对于建筑小区的海绵城市城市改造，您更倾向于采取的方式	影响越小越好	258	63%
		无所谓	39	10%
		可以将小区环境改造与海绵城市改造同步进行	113	28%
9	您认为最适合在小区内使用的海绵城市建设措施	透水路面	121	30%
		下沉式绿地	176	43%
		水景	103	25%
		雨水收集桶	10	2%
10	海绵城市建设中您最关注下面哪一类项目	建筑小区	246	60%
		公园湿地	30	7%
		市政道路	83	20%
		排水设施	20	5%
		生态修复	31	8%

经过模型评估，白城市海绵城市建设后14个易涝点消除、排水防洪能力达到国家标准，群众满意度高。

2.7.2 防洪标准

白城市中心城区内有规划一河、二河、三河，洮儿河，其中规划一河、二河、三河均属景观河道，不具防洪要求。洮儿河防洪标准为50年一遇，根据吉林省水利厅2014年4月29日以吉水技〔2014〕477号文件对洮北区洮儿河治理工程初步设计的批复，截至2017年，白城市洮北区洮儿河治理工程已经全部完工，设计洮儿河（城市段）防洪标准达到50年一遇，实际工程按设计已完工（图2-67）。城市防洪标准达到批复要求的50年一遇。洮儿河治理工程设计批复文件见附录F。

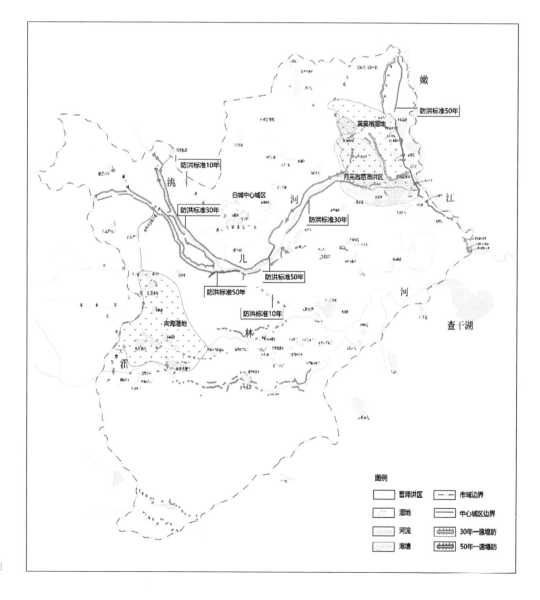

图2-67 白城市防洪工程图

7 4

中国海绵城市建设
创新实践系列

中国北方寒冷缺水地区
"海绵"典范
——吉林白城海绵城市
建设实践路径

2.7.3 防洪堤达标率

白城市洮北区洮儿河治理工程治理堤防总长108.3km，设计标准为30~50年一遇洪水标准，其中城市段长度26.8km，防洪标准为50年一遇，相应建筑物级别2级；农村段长度81.5km，防洪标准为30年一遇，相应建筑物级别3级，工程批复总投资为3.37亿元（表2-37）。综上城市防洪堤达到国家标准要求。

白城市域防洪工程情况   表2-37

市域防洪工程	堤防建设	防洪标准
嫩江	白城市段堤防全部在嫩江右岸，全长107.831km	现状50年一遇
洮儿河	现有堤防长度为344.775km，其中左岸堤防长度为189.972km；右岸堤防长度为154.803km	城镇50年一遇防洪标准，农村段为30年一遇防洪标准
霍林河	堤防合计132条，总长度为115km	现状防洪标准不足10年一遇。霍林河治理工程可研设计防洪标准：霍林河城市防洪堤段防洪标准为50年一遇
月亮泡	月亮蓄滞洪区面积为950km²，依靠月亮湖湿地群"生态海绵"的洪水蓄滞功能，缓解洮儿河、嫩江洪水对流域下游的压力	

2.8
机制建设

2.8.1 规划建设管控制度

1．制度保障与落实

为保障海绵城市建设顺利实施，白城成立了以市委、市政府主要领导任组长的专项领导小组，并设立了能够为项目前期、征收、招投标等工程建设所有环节提供技术指导的11个专家小组，同步设立1个综合总协调办公室，形成"11+1"的工作模式。专项领导小组积极推进了海绵城市规划、建设、管理等工作机制建立，确保海绵城市建设技术合理、工程优质、操作规范。

海绵城市建设与运维全过程监管方面，形成总体协调、衔接顺畅、监管有力的工作机制。

1）雨水径流管控立法，建立"双考核制"

白城市将颁布《白城市雨水径流排放管理条例》，针对白城市缺水、积水、水体水质保障、人居环境提升重大需求，建立雨水管控标准、规划建设管控办法和监督考核制度，使海绵城市建设成为白城市的自觉行为。

市委"督查指挥中心"负责落实和追究各部门的相关责任；市住建局成立"白城市政府和社会资本合作项目服务中心"和白城市海绵城市建设服务中心（以下简称"海绵办"），负责PPP项目公司的绩效考核及项目前期规划建设审批工作（图2-68）。

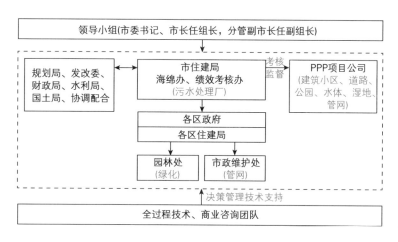

图2-68 白城市海绵城市建设工作机制

7 6

中国海绵城市建设
创新实践系列

中国北方寒冷缺水地区
"海绵"典范
——吉林白城海绵城市
建设实践路径

2）建立"两证一书""施工图审查与施工许可证""竣工验收"全过程管控制度

白城市规划建设管控制度完善，并通过技术标准的建立，保障各部门在工作衔接的基础上，做到标准统一（图2-69）。

制度落实：白城市海绵城市建设试点期间，先后出台了《白城市海绵城市规划管理规定（试行）》、《白城市海绵城市建设项目奖励办法（试行）》、《白城市"海绵城市建设工程"施工管理办法》、《关于印发白城市海绵城市建设工作组织机构及工程责任分工的通知》、《关于做好海绵城市建设工程规划设计工作的通知》、《白城市海绵城市建设（老城区综合提升改造）工程竣工验收方案》作为《白城市雨水径流排放管理规定》落实的保障措施，明确了具体实施和各部门的责任落实、追究制度（表2-38、表2-39）。

《白城市海绵城市规划管理规定（试行）》明确将海绵城市目标与指标纳入土地出让条件与管控要求，针对市项目各个阶段进行建设过程管控。主要包括立项阶段、设计阶段、建设阶段、运营维护阶段，要求各部门各司其职、通力协作，进一步加强海绵城市建设制度

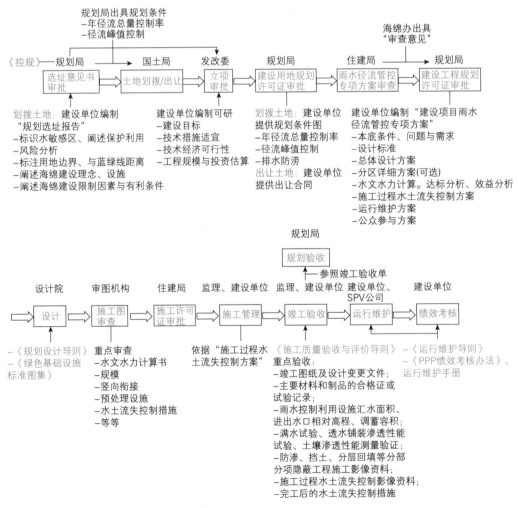

图2-69 白城市规划建设管控工作流程与技术要求

化，保障海绵城市建设的有效落实。

《关于城市蓝线管理的意见》、《关于城市绿线管理的意见》，明确城市绿地以及城市水系等管理要求。

《白城市海绵城市建设项目奖励办法（试行）》使海绵城市建设项目全覆盖，让社会各界广泛参与海绵城市建设。

相关人民政府条例　　　　　　　　　　　　　　　　　　　　　　　　　　　　表2-38

制度名称	制定部门	文号	执行范围	执行部门
《白城市雨水径流排放管理规定（试行）》	白城市人民政府	正在申请	白城市	白城市住建局

相关规范标准　　　　　　　　　　　　　　　　　　　　　　　　　　　　　　表2-39

规范标准名称	制定部门	文号	执行范围
白城市规划局关于印发《白城市海绵城市规划管理规定（试行）》的通知	白城市规划局	白规发字（2015）11号	白城市
白城市人民政府办公室关于印发白城市海绵城市建设项目奖励办法（试行）的通知	人民政府办公室	白政办发（2016）23号	白城市
白城市海绵城市建设工程施工管理办法	白城市海绵城市建设（老城区综合提升改造）指挥部办公室	白海建指办发（2015）3号	白城市
关于印发白城市海绵城市建设（老城区综合提升改造）工作组织机构及工程责任分工的通知	白城市海绵城市建设（老城区综合提升改造）指挥部办公室	白海建指办发（2016）12号	白城市
关于做好海绵城市建设工程规划设计工作的通知	白城市海绵城市建设（老城区综合提升改造）指挥部办公室	白海建指办发（2016）15号	江苏山水设计院
白城市规划局印发《关于城市绿线管理的意见》的通知	白城市规划局	白规发字（2016）1号	白城市
白城市规划局印发《关于城市蓝线管理的意见》的通知	白城市规划局	白规发字（2016）2号	白城市
关于印发《白城市海绵城市建设（老城区综合提升改造）工程竣工验收方案》的通知	白城市海绵城市建设（老城区综合提升改造）指挥部办公室	白海建指办发（2017）213号	白城市
关于印发《白城市"海绵城市"及管廊城市项目建设资金管理的实施意见》的通知	人民政府办公室	白政办函（2016）24号	白城市
白城市人民政府办公室关于印发《白城市海绵城市建设PPP运作模式试行办法》的通知	人民政府办公室	白政办发（2015）22号	白城市
白城市住房和城乡建设局关于印发白城市海绵城市建设项目相关技术导则和标准图集的通知	白城市住建局	白住建发（2016）86号	白城市
关于"海绵城市"及地下综合管廊PPP项目通过物有所值评价和财政承受能力论证意见	白城市财政局	白财办（2016）236号	白城市
关于印发《白城市河湖水系保护与管理办法的通知》	白城市水利局	白水通（2016）31号	白城市

78

中国海绵城市建设
创新实践系列

中国北方寒冷缺水地区
"海绵"典范
——吉林白城海绵城市
建设实践路径

规范标准名称	制定部门	文号	执行范围
白城市人民政府关于《白城市城市防洪排涝管理办法（试行）》的通知	人民政府办公室	白政办发（2015）22号	白城市
白城市人民政府办公室关于加强白城市内涝防治监测预警及应急管理体系建设的通知	人民政府办公室	白政办函（2015）5号	白城市

2.海绵城市建设管控体系

1）土地与规划管控

《白城市海绵城市规划管理规定（试行）》中明确要求在规划编制、土地出让、规划选址、项目立项、规划两证、设计审查、施工质量、竣工验收运行维护、绩效考核每个环节，提出海绵城市建设具体要求、前置要件与办事流程，落实责任主体，形成部门联动，提高办事效率（表2-40）。

土地与规划行政审批流程与要求　　　　　　　　　　　　　　　　　　　　表2-40

审批项目	前置审批要件	要件主要内容及要求	涉及部门及审批流程
土地划拨出让	规划条件	需按照海绵理念进行建设	国土局、规划局
审批，选址意见书（划拨）	现状地形图	比例尺应能清晰辨认现状湿地、坑塘、沟渠等水敏感区域，并加以标识	测绘部门
	选址论证报告	1. 调研项目选址的历史洪涝和地质灾害情况； 2. 阐述对现状地形、水功能区划、土壤、植物的保护和利用措施； 3. 标注用地边界，与蓝线、绿线的距离； 4. 阐述是否进行海绵城市雨水绿色基础设施建设； 5. 海绵城市建设的限制因素和有利条件分析	规划设计部门
许可，建设用地规划许可证（划拨、出让）	规划条件图	明确以下规划条件： 1. 年径流总量控制率； 2. 径流峰值控制； 3. 排水防涝设计重现期	规划设计单位
许可，建设工程规划许可证	建设工程设计方案——建设项目海绵城市专项设计方案	建设项目海绵城市专项设计方案应包含以下内容： 1. 项目本底条件、问题及需求。 2. 项目总量减排、径流峰值、排水、排涝除险设计标准。 3. 技术方案： （1）现状地形、水功能区划、植物保护和利用方案。 （2）工程设施（源头减排、排水管渠、排涝除险）选择与工艺流程。 （3）总体设计方案。给出项目竖向设计与排水分区图（标注排水分区边界线、地表径流流向、排水管渠流向和主要排放口位置），设施平面布置与径流组织平面图（标注设施汇水范围线，设施地表径流、管渠入流与出流路径），地表、地下设施竖向衔接平面或断面图。 （4）分区详细方案（可选）。对总体方案进行分区细化。 （5）水文水力计算。达标分析、效益分析。 4. 施工过程水土流失控制方案： （1）管理措施。 （2）工程设施类型、布局、规模、大样图。 5. 运行维护方案。 6. 公众参与方案。	设计方案；由住建局（海绵办）审查同意后，将意见书附后一并报市规划局报批

审批项目	前置审批要件	要件主要内容及要求	涉及部门及审批流程
批后管理	施工图审查	对应"建设项目海绵城市专项设计方案",对工程设施平面位置、规模、竖向衔接控制进行重点审查	施工图 审查机构、住建局 (海绵办)
	规划验线	1. 蓝线、绿线、用地边界等开发用地边界核实; 2. 竣工图纸、项目工程竣工验收及效果评价材料	住建局 (海绵办)

2)设计管控

白城市海绵城市建设为管控设计阶段符合海绵城市建设试点要求,于2016年6月发布《关于做好海绵城市建设工程规划设计工作的通知》,要求设计方应遵循《白城市雨水径流排放管理制度》、《关于城市蓝线管理的意见》、《关于城市绿线管理的意见》等管理规定,保证对建设场地的保护与修复;依据《白城市海绵城市规划管理规定(试行)》、《白城市海绵城市建设规划设计导则》、《白城市低影响开发雨水设施标准图集(试行)》、《关于做好海绵城市建设工程规划设计工作的通知》等进行设计,严格依据海绵城市现有设计规范组织开展规划设计工作,确保所提交的设计文件中有关海绵城市的设计内容,满足《海绵城市建设技术指南》、《白城市海绵城市实施计划》、《白城市海绵城市专项规划》及相关现行国家规范要求。

3)施工及验收管控

海绵城市建设涉及的雨水工程设施包括源头减排设施、排水管渠、排涝除险设施等,科学合理的施工、验收直接影响工程设施的功能发挥与实际工程效果。鉴于白城市海绵城市建设时间紧迫、任务艰巨,海绵城市低影响开发系统在国内推广又尚缺乏明确、统一的执行标准与审查体系。白城市海绵城市建设于2016年4月发布《白城市"海绵城市建设工程"施工管理办法》,于2017年11月发布《白城市海绵城市建设(老城区综合提升改造)工程竣工验收方案》,且制定《白城市雨水系统施工及验收导则》,以此更好地指导白城市海绵城市工程设施的施工、验收、评价,细化各方责任、确保工程质量。

4)运行维护与评价

海绵城市建设工程运行维护必须建立健全运营维护管理体系,确保各类设施维护工作正常进行。白城市海绵城市建设制定《白城市海绵城市建设工程运行维护与评价技术导则》,建立完善的雨水设施日常运营维护管理规定,并形成日常维护管理记录。维护管理规定应对照建设内容,对源头生态设施的日常维护、地下管渠与调蓄系统的缺陷修复与设备检修、雨水湿地等处理系统的日常维护与设备检修等方面进行明确分析和响应。

3.全市范围内的"全过程"保障制度长期有效

白城市海绵城市建设与运维全过程监管方面,形成总体协调、衔接顺畅、监管有力的工作机制。出台了一系列相关条例、制度文件,形成了规划、设计、建设、验收、运维全过程

管理制度，使海绵城市建设项目全覆盖，让社会广泛参与海绵城市建设。管控制度已落实到
全市范围海绵城市建设当中且长期有效。

2.8.2　技术规范与标准建设

1．技术体系与标准规范

白城市海绵城市建设形成了"本地化"的技术标准支撑。制定《规划设计导则》、《质
量验收与评价技术导则》、《运行维护评价技术导则》、《绿色基础色设施标准图集》，形成适
用于北方寒冷缺水地区的关键技术体系、工法及适宜植物和材料库。突出渗透技术的应用，
适应白城土壤地质特点。构建延时调节、多功能调蓄、地表径流行泄通道等排涝除险关键工
程体系，支撑老城区积水点、生态新区内涝风险综合整治；创新融雪剂渗滤弃流技术、透水
铺装抗冻融技术，使海绵城市适应北方高寒地区气候特点；重视设计、施工、竣工质量、效
果全过程评价标准建立，让海绵城市成果更长效、更持续，同时支撑PPP项目移交与绩效评
价（图2-70）。

1）高渗透性缺水地区适用技术与标准做法

白城市是典型北方寒冷缺水型城市，城市用水持续增加，补水机制却没有跟进和形成，
无法实现水的自然循环，导致地下水位逐渐降低。但是白城市本底地质条件非常利于自然下
渗，2m以内表层土壤以杂填土和粉质黏土为主，表层土壤渗透系数在400~600mm/d，2m以下
为砂砾，渗透性好。

白城市海绵城市建设紧抓源头减排，突出源头雨水生态滞渗，因此，白城市联合科
研单位，借鉴国内外经验及当地早年间在古宅内做渗井的经验，推行源头"雨水花园+渗
井"、下沉式绿地等技术做法，重在解决下沉式绿地、雨水花园等海绵设施无法消纳或在
短时间内无法快速下渗的雨水径流。具体做法是在传统的渗井基础上，通过在渗井上层不

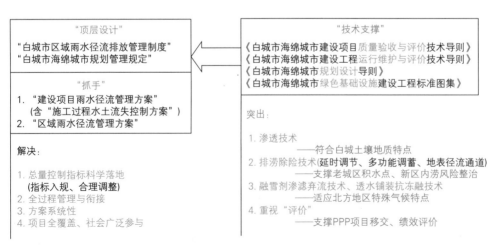

图2-70　白城市海绵城市建设技术标准体系

透水范围安置安全牢固的过滤网兜，填充碎石或卵石，增加渗井上层不透水层的透水性，且易于日常清理维护。下层透水层填充碳渣、砂砾石，井壁与填充料之间设置反滤层，让得到充分净化后的雨水直接排入地下水系，有效补给地下水。应注意雨水花园与渗井组合使用时，渗井不宜放置在雨水花园最底部，容易对地下水造成污染；要避开污染比较严重的地方，同时要同建筑物的基础保持一定的安全距离，且渗井应选择性应用在绿地空间较少的小区（图2-71）。

通过海绵城市建设，该技术做法已落实到具体工程中，见表2-41所列。

图2-71　雨水花园与渗井
典型做法（铁鹤小区）

雨水花园+渗井做法工程项目表

表2-41

序号	项目名称	项目面积（m²）	具体工程设施规模				
			透水铺装（m²）	雨水花园（m²）	生物滞留带（m²）	下沉式绿地（m²）	渗井个数
1	铁鹤小区	41499.25	14828.38	1417.9	724.48	1739.77	2
2	新华花园	13160.88	1525.85	697.84	188.64	174.24	1
3	红叶小区	39714.65	12392.16		1571.75	1456.21	3
4	菜市胡同	25808.5	4743.65	162.5	190.63	1167.26	2
5	民生乙小区	35997.88	9875.03	1167.61	78.77	5098.441	6
6	金辉小区	44973.64	14642.67		1927.44	700.11	2
7	博物馆小区	16160.67	4284.08	417.26	191.67	550.79	1
8	诚基花园	36241.48	14595.35	2440.11	76.81	0	3
9	鹤翔花园	38285.36	19008.65	0	2341.59	1053.21	4
10	市行政学院	29980.97	8633.29	1847.88	0	1518.27	2

82

中国海绵城市建设
创新实践系列

中国北方寒冷缺水地区
"海绵"典范
——吉林白城海绵城市
建设实践路径

续表

序号	项目名称	项目面积（m²）	具体工程设施规模				
			透水铺装 （m²）	雨水花园 （m²）	生物滞留带 （m²）	下沉式绿地 （m²）	渗井 个数
11	佳兴园	41093.04	17113.1	1729.21	357.16	782.87	2
12	学士苑小区	29175.61	6249	648.9	1759.73	850.05	2
13	学士苑精品	25749.82	11402.7	794	783.32	786.73	2
14	新星花园五期	18976.64	7191.28		3258.68	0	2
15	日杂小区	20867.39	6541.97	1488.66	119.33	0	3
16	劲旅家园	6146.69	1406.95	404.46	52.79	71.89	1
17	怡海新村	48431.9	15435	671.72	622.06	483.57	2
18	阳光A区	33122.13	6874.3	793.95	76.92	3408.34	4
19	财政小区	28643.68	14352.17	534.77	1104.06	0	2
20	中行小区	8021.71	1107.27	1232.77	0	36.99	2
21	广电小区	15709.79	2771.21	1367.91	138.06	850.05	4
22	新华小区	17590.22	6461.01		2200.19	0	2
23	网通小区	12210.87	1155	1640.32	0	0	2
24	吉府A区	12123.28	6149	239.6	22.56	395.95	1
25	明仁小区	24332.36	8093.16	752.97	0	0	2
26	二幼胡同	33700.66	15109.55		356.51	303.34	2

2）北方寒冷地区适用技术与标准做法

北方城市冬季降雪量大，冬季多使用融雪剂进行除雪，近些年，多采用机械除雪，但极端天气情况下，依然会使用融雪剂。众所周知，融雪剂会对道路绿化植物造成侵害，尤其是海绵型道路，含融雪剂的融雪径流会顺利排入道路下沉式绿化带内，更容易对植物产生影响，因此，北方城市海绵型道路建设应能有效解决冬季融雪剂、雨季径流雨水协同控制，还要低维护。

除了融雪剂，北方城市采用透水铺装还会遇到另一问题，就是冬季融雪水进入透水铺装结构层，极易产生冻胀而破坏路面铺装。

为解决融雪剂和冻融技术难题，白城市联合科研单位，创新研发了道路雨水与含融雪剂融雪径流生态处理与抗冻融透水铺装组合系统集成技术，实现了道路融雪径流和初期雨水的优先渗滤净化与排放，并选择适合本地生长的抗碱性强的植物，解决了融雪剂侵害雨水生态设施植物的问题；采用"面层透水砖/缝隙透水+变形缝、基层导排水"做法，解决了高纬度、高寒地区透水铺装冻胀破损问题。目前生态新区横一路、横五路、横八路、横十路、纵十七路、家园路6条道路采用该技术做法，经两个冬季的运行结果表明，人行道透水铺装抗冻和生物滞留带融雪水弃流与渗滤效果良好，达到了预期设计目标。以横五路海绵型道路介绍该技术做法。

横五路雨水设施主要有生物滞留带和人行道透水铺装，生物滞留带由道路绿化带改造而成，每个生物滞留带单元2m宽、8m长，生物滞留带之间设置2m宽的人行过道，人行道透水铺装宽5m。

融雪剂自动弃流和抗冻融透水铺装的技术方案如图2-72所示。

（1）冬季运行工况

在冬季，融雪剂自动弃流主要利用了融雪径流的流量一般较小的特点，融雪径流进入生物滞留带后，通过合理的导流路径设计，使之优先经过渗排渠渗滤处理后排放。本案例中，含融雪剂的融雪径流经沉淀池预沉淀后，由沉淀池一侧矮墙溢流进入渗排渠，经碎石过滤、渗排管收集后排入市政污水管。冬季运行工况如图2-73所示。

对于透水铺装抗冻融设计，水平方向上，通过每隔6m设置的变形缝提高其抗冻性能；垂直方向上，设置砂垫层，并在砂垫层中每隔1m设置一条宽200mm的排水带，排水带与生物滞留带中的渗排管连接，可及时将透水铺装结构层中的融化水排走，以解决垂直方向上的冻胀问题。

（2）雨季运行工况

以10m一段生物滞留带为例进行计算，半幅路宽为9m，渗排渠宽度0.4m，长度5.2m，渗透系数约为0.0005m/s，渗透量为1.05L/s，机动车道与透水人行道宽度皆为4.5m，面积皆为45m^2，综合径流系数为0.625，渗排渠可控制强度q=1.05/（0.625×0.009）=186.7L/（s·hm^2），按汇水时间为1min计算，该降雨强度对应降雨重现期约为0.5年，即在雨季，对于<0.5年一遇的小雨，雨水径流同样经上述通道由渗排渠过滤后排放，对于大于等于0.5一遇的降雨，雨水径流溢流进入蓄渗区入渗回补地下水。

图2-72 融雪剂自弃流和
抗冻融透水铺装典型做法

8 4

中国海绵城市建设
创新实践系列

中国北方寒冷缺水地区
"海绵"典范
——吉林白城海绵城市
建设实践路径

图2-73 生物滞留带冬季
运行工况

雨季运行工况（＜0.5年一遇）

雨季运行工况（≥0.5年一遇）

图2-74 生物滞留带雨季
不同降雨情境下的运行工况

图2-75　实景照片

根据白城市暴雨强度公式计算，0.5年一遇2h降雨量为20.4mm，可全部经渗排渠过滤处理，因此生物滞留带的设计降雨量至少为20.4mm，对应的年径流总量控制率约为80%。

生物滞留带在雨季不同降雨情境下的运行工况如图2-74所示。

生物滞留带与透水铺装实景照片如图2-75所示。

对2016年8月31日实际降雨进行了监测取样，横五路生物滞留带进水和渗渠出水水质如图2-76所示，悬浮颗粒物SS随降雨历时变化过程如图2-77所示，经计算，SS总量削减率

生物滞留带进水　　　　　　　　　　　　　生物滞留带渗渠出水

图2-76　横五路海绵型道路水质净化效果对比

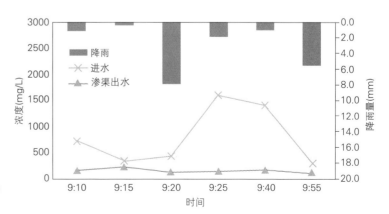

图2-77　横五路海绵型道路
水质监测结果

8 6

中国海绵城市建设
创新实践系列

中国北方寒冷缺水地区
"海绵"典范
——吉林白城海绵城市
建设实践路径

为78%。

该技术做法已在生态新区多条道路实施，具体工程见表2-42所列。

融雪剂弃流与抗冻融透水铺装做法具体工程表 表2-42

编号	道路名称	总面积（m²）	生物滞留带面积（m²）	人行道透水铺装面积（m²）
1	横一路	3967	576	860
2	横五路	100700	1219	15000
3	横十路（长庆南街—纵十七路）	2870	640	980
4	家园路	18000	2880	4800
5	横八路	19500	1219	13540
6	纵十七路	44937	1600	4500

3）道路源头减排与生态沟渠行泄通道技术与标准做法

（1）道路径流行泄通道渗排一体化做法

基于生态新区问题与目标导向，生态新区如何利用规划公园绿地现状竖向条件，利用现状沙坑构建末端多功能调蓄水体，并结合片区整体竖向条件，选取适合的既有道路作为超标雨水行泄通道，综合达到内涝防治标准成为新区排涝除险系统构建的关键。

A．规划设计流程

白城市海绵城市建设结合示范区积水情况分析，根据地表径流行泄通道规划设计流程对区域内不同类型道路路面的排水能力进行评估，最终分别选择横五路、纵十三路、纵八路3条道路

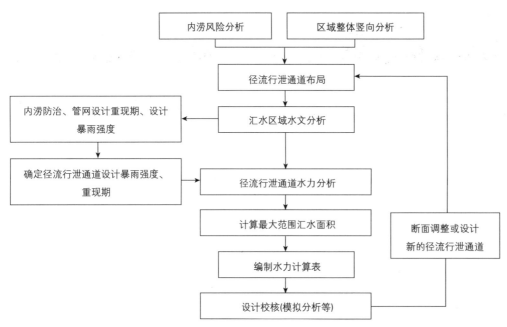

图2-78　地表径流行泄通道规划设计流程

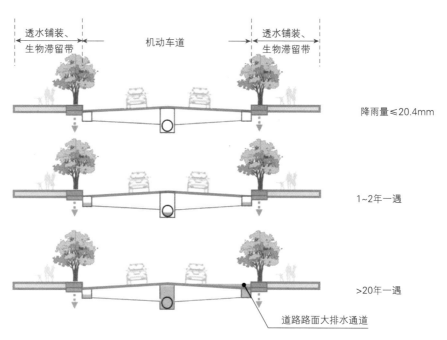

图2-79 横五路道路大排水通道不同降雨情境下的运行工况

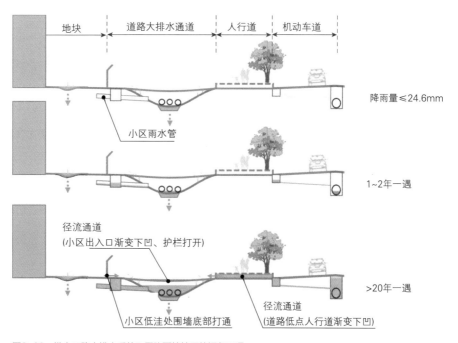

图2-80 纵十三路大排水系统不同降雨情境下的运行工况

的路面及两侧带状绿地作为径流行泄通道,地表径流行泄通道的设计流程如图2-78所示。

　　B.具体做法及运行工况

　　道路路面径流行泄通道在不同降雨情境下的运行工况如图2-79、图2-80所示。横五路道路径流行泄通道(路面)通过渐变下凹式人行道与下游纵十三路径流行泄通道(生态沟渠)衔接;纵十三路路面径流同样通过道路低点渐变下凹式人行道与路旁生态沟渠衔接,以便于路面暴雨径流顺畅排入行泄通道。

C. 水文水力计算

a. 水文计算

汇流时间为15min时，内涝防治系统、雨水管渠系统、大排水系统水文计算如表2-43所示，根据内涝防治系统总设计标准和管渠系统设计标准，计算得到地表大排水系统设计标准：

$$I_{道路}=I_{总}-I_{管}=178L/(s \cdot hm^2) \tag{2-10}$$

式中　$I_{道路}$——道路大排水系统设计标准，$L/(s \cdot hm^2)$；

　　　$I_{总}$——内涝防治系统设计标准，$L/(s \cdot hm^2)$；

　　　$I_{管}$——雨水管渠系统设计标准，$L/(s \cdot hm^2)$。

由表2-43可知，道路大排水系统设计标准约为2年一遇。

水文计算表　　　　　　　　　　　　　　　　　　　　　　　　　　　　　　　　表2-43

各系统设计标准	重现期	设计暴雨强度 [L/(s·hm²)]
内涝防治系统总设计标准/$I_{总}$	20年	327
—	15年	309
—	10年	284
—	5年	241
—	3年	209
—	2年	184
管渠系统设计标准/$I_{管}$	1年	149

b. 水力计算

横五路和纵十三路管网、道路行泄通道及其汇水面积如图2-81所示，分别对A1、B1、C1过水断面进行水力计算，并得到最大可服务汇水面积，通过与实际汇水面积进行对比来判断是否满足设计标准，并据此进行相应的断面调整。

A1断面：横五路以道路路面与路缘石构成的三角形边沟作为行泄通道，如图2-82所示，路面最大过水能力：

$$Q_{道路}=0.376S_X^{1.67}S_L^{0.5}T^{2.67}/n=1.5 \tag{2-11}$$

式中　$Q_{道路}$——道路最大过流量，m^3/s；

　　　S_X——道路横向坡度；

　　　S_L——道路纵向坡度；

　　　T——道路最大过水断面宽度，m；

　　　n——粗糙系数，取0.013。

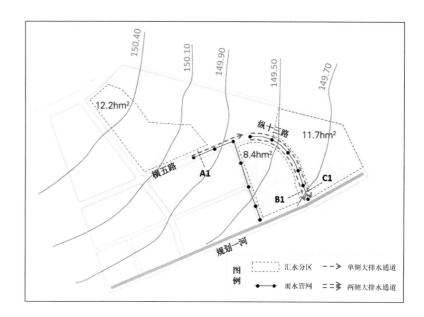

图2-81 大排水通
道水力计算示意

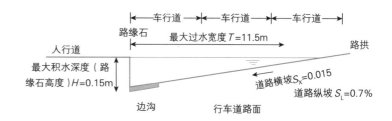

图2-82 横五路道
路大排水断面

行泄通道可服务最大汇水面积A：

$$A=Q_{道路}/(\varphi \times I_{道路})=12.8 \text{ hm}^2 \qquad (2-12)$$

式中　A——行泄通道可服务最大汇水面积，hm^2；

　　　φ——汇水面综合流量径流系数，取0.6。

行泄通道可服务最大汇水面积大于实际汇水面积12.2hm^2，满足设计要求。

B1、C1断面：纵十三路以路侧生态沟渠作为行泄通道，断面如图2-83所示，生态沟渠最大过水能力：

$$Q_{沟渠}=A_g R^{0.667} i^{0.5}/n_g=12.1 \text{m}^3/\text{s} \qquad (2-13)$$

式中　$Q_{沟渠}$——生态沟渠最大过流流量，m^3/s；

　　　A_g——过流断面面积，m^2；

　　　R——水力半径，m；

　　　i——生态沟渠纵向坡度，0.1%；

　　　n_g——粗糙系数，取0.011。

可服务最大汇水面积：

$$A=Q_{沟渠}/(\varphi \times I_{道路})=113.0 \text{ hm}^2 \qquad (2-14)$$

90　　　中国海绵城市建设
创新实践系列

中国北方寒冷缺水地区
"海绵"典范
——吉林白城海绵城市
建设实践路径

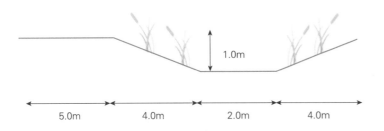

图2-83　纵十三路生态沟
渠行泄通道断面

大于实际汇水面积23.9 hm²、8.4 hm²，满足设计要求。

D．建成效果

对海绵城市建设前后区域内涝风险进行模拟分析，通过多功能调蓄水体和横五路、纵十三路大排水通道对超标降雨的调蓄排放，有效降低了区域内涝风险。

（2）海绵型道路系列做法

白城市海绵城市建设创新道路断面设计，新城区采用多种形式的带有停车功能海绵绿地设计，老城区采用组合树池生物滞留带设计。

A．斜向停车+雨水花园做法

新区道路目前有纵十三路、横七路、横十一路采用斜向停车+雨水花园做法（图2-84）。道路路面与停车位顺接，坡向雨水花园；雨水花园内部四周采用当地砾石覆盖，起消能预处理作用；雨水花园采用侧壁防渗，防止破坏路基。

纵十三路、横七路斜向停车+雨水花园做法工程见表2-44所列。

图2-84　斜向停车+雨水花园典型做法

斜向停车+雨水花园做法工程表   表2-44

编号	道路名称	总面积（m²）	雨水花园面积（m²）	停车位（个）
1	纵十三路	62198	3630	38
2	横七路	79500	3071.28	128

B.垂直停车+雨水花园做法

生态新区西辅路采用垂直停车+雨水花园做法（图2-85），西辅路占地面积5.4hm²。雨水花园做法与侧向停车+绿带形式相同。

C.横向停车+雨水花园做法

生态新区纵十二路、横六路、横九路、纵八路、纵七路采用横向停车+雨水花园做法（图2-86、表2-45）。生物滞留带前后各有碎石沉淀池，中间设置有矩形齿挡水堰，可更好地蓄渗雨水径流，并进行污染控制。

横向停车+雨水花园做法具体工程表   表2-45

编号	道路名称	总面积（m²）	雨水花园面积（m²）	停车位个数
1	纵十二路	20640	1207	49
2	横九路	9554.4	639.43	61
3	横六路（纵八路—纵十二路）	17762.71	2514.3	114
4	纵八路	56858	204	195
5	纵七路	14706	141	95

图2-85　垂直停车+雨水花园典型做法

图2-86　横向停车+雨水花园典型做法

92

中国海绵城市建设
创新实践系列

中国北方寒冷缺水地区
"海绵"典范
——吉林白城海绵城市
建设实践路径

图2-87　组合树池典型做法

D. 组合式多介质渗滤净化树池做法

老城区长庆街、民生路、洮安路三条道路的两侧绿化带采用组合树池做法（图2-87、表2-46），规格分别为2m×4m和1.5m×4m，解决了老城区绿化带空间不足的难题，并且采用了当地易获取的炉渣等填料，经过实际降雨监测，水质净化效果良好，径流控制功能和景观效果达到了预期目标，运行正常。

组合树池做法具体工程表　　　　　　　　　　　　　　　　　　　　　　　　表2-46

编号	道路名称	总面积（m²）
1	民生路（幸福街—爱国街）	2383.55
2	洮安路（幸福街—麻纺路）	2599.68
3	长庆街（瑞光街—胜利路）	3783.643

4）源头减排设施规模确定标准

根据《海绵城市建设技术指南》，源头减排设施规模设计时，一般采用雨水年径流总量控制率对应的设计降雨量作为设计标准，来确定设施的径流控制量（调蓄容积）。国外以水质控制体积标准（Water Quality Volume，WQV）作为雨水源头减排的主要控制标准之一，主要通过控制高频率的中小降雨事件来有效控制径流污染，一般要求控制年均80%~95%的降雨场次或降雨总量，优先通过源头滞蓄技术及净化技术实现，现广泛用于北美、加拿大、新西兰及英国等地。

白城市海绵城市建设为实现设计降雨量对应的WQV控制目标，联合科研单位，通过运用美国城市水域研究所（Urban Watersheds Research Institute）、城市排水与防洪区（Urban Drainage and Flood Control District）以及科罗拉多丹佛大学土木工程系（UCD）合作研发

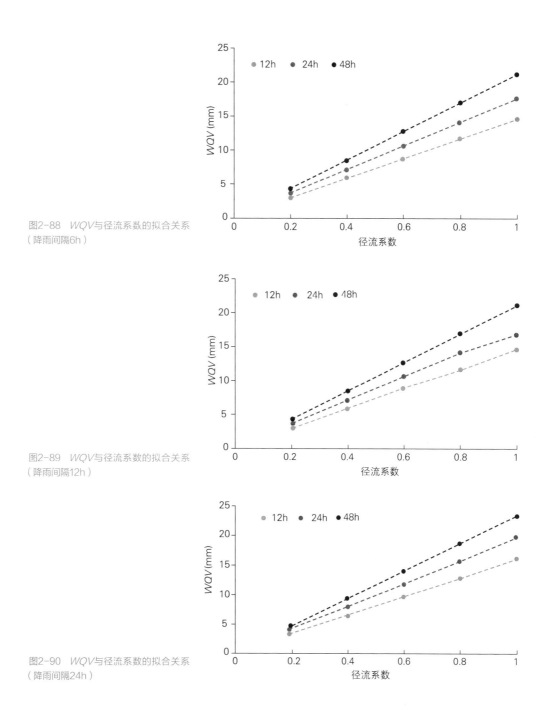

图2-88 *WQV*与径流系数的拟合关系
（降雨间隔6h）

图2-89 *WQV*与径流系数的拟合关系
（降雨间隔12h）

图2-90 *WQV*与径流系数的拟合关系
（降雨间隔24h）

的模型WQ-COSM，快速确定最佳水质控制容积（*WQV*），以此来设计不同种类的雨水设施，方便设计、审图等环节更加快捷。

基于WQ-COSM统计结果，*WQV*与场地径流系数存在线性关系。将白城市1983—2012年小时降雨数据分别以6h、12h、24h降雨间隔划分场次，扣除降雨量小于2mm的场雨和末端0.5%的极端大暴雨，得到3种场雨数据，分别统计不同排空时间（12h、24h，48h）与径流系数下的*WQV*值（表2-47~表2-49，图2-88~图2-90）。

94

中国海绵城市建设
创新实践系列

中国北方寒冷缺水地区
"海绵"典范
——吉林白城海绵城市
建设实践路径

白城市不同排空时间与径流系数下的*WQV*值（降雨间隔6h，mm） 表2-47

径流系数C	排空时间		
	12h	24h	48h
0.2	2.9	3.5	4.2
0.4	5.8	7.0	8.5
0.6	8.7	10.6	12.7
0.8	11.6	14.1	16.9
1	14.5	17.6	21.2
线性拟合公式	$y=14.542x-0.0076$	$y=17.628x-0.0051$	$y=21.171x+0.0076$

白城市不同排空时间与径流系数下的*WQV*值（降雨间隔12h，mm） 表2-48

径流系数C	排空时间		
	12h	24h	48h
0.2	2.9	3.5	4.2
0.4	5.8	7.1	8.5
0.6	8.8	10.6	12.7
0.8	11.7	14.1	16.9
1	14.6	16.7	21.1
线性拟合公式	$y=14.605x+0.0007$	$y=16.739x+0.3658$	$y=21.107x+0.0051$

白城市不同排空时间与径流系数下的*WQV*值（降雨间隔24h，mm） 表2-49

径流系数C	排空时间		
	12h	24h	48h
0.2	3.2	3.9	4.6
0.4	6.4	7.8	9.3
0.6	9.6	11.7	13.9
0.8	12.8	15.6	18.5
1	16.0	19.5	23.2
线性拟合公式	$y=16.002x$	$y=19.52x+0.0127$	$y=23.178x-0.0076$

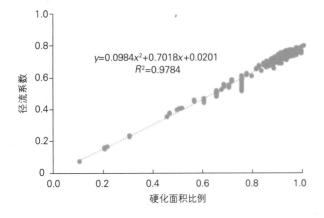

$y=0.0984x^2+0.7018x+0.0201$
$R^2=0.9784$

图2-91　白城市中心城区硬化面积比例与
径流系数关系

总结国内外研究表明，径流系数与下垫面硬化面积比例存在一定关系，一般来说区域硬化面积比例越高，径流系数也越高。采用Infoworks ICM模型搭建白城中心城区雨洪模型，依据2年一遇3h降雨情境下的白城市中心城区不同汇水区的统计结果（硬化面积比例与径流系数），选取不同硬化面积的汇水区808个，探究白城中心城区径流系数与下垫面硬化面积比例的相关关系。多项式拟合结果如图2-91所示。

由此可依据场地硬化面积比例快速估算水质控制体积。不同降雨间隔，排空时间的WQV值计算公式见表2-50。

WQV值计算公式汇总 表2-50

降雨间隔	排空时间	WQV与径流系数关系	WQV与硬化面积比例关系
6h	12h	$y=14.542x-0.0076$	$y=1.431x^2+10.206x+0.285$
	24h	$y=17.628x-0.0051$	$y=1.735x^2+12.371x+0.349$
	48h	$y=21.171x+0.0076$	$y=2.083x^2+14.858x+0.433$
12h	12h	$y=14.605x+0.0007$	$y=1.437x^2+10.250x+0.294$
	24h	$y=16.739x+0.3658$	$y=1.647x^2+11.747x+0.702$
	48h	$y=21.107x+0.0051$	$y=2.077x^2+14.813x+0.429$
24h	12h	$y=16.002x$	$y=1.576x^2+11.230x+0.32$
	24h	$y=19.52x+0.0127$	$y=1.921x^2+13.699x+0.405$
	48h	$y=23.178x-0.0076$	$y=2.281x^2+16.266x+0.458$

5）雨季混接截流溢流处理设施关键设计参数与设计方法

雨季混接雨水截流溢流处理设施可采用设计降雨分析法、模型计算两种方法进行设计及评价。

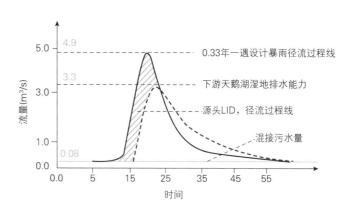

图2-92　雨污混接截流溢流污染
控制方案示意图

96

中国海绵城市建设
创新实践系列

中国北方寒冷缺水地区
"海绵"典范
——吉林白城海绵城市
建设实践路径

（1）设计降雨分析法

为控制雨污混接截流溢流次数一年不超过3次，因此采用0.33年一遇24h设计降雨进行概化分析。通过源头减排、污水截流，削减最终排入天鹅湖的峰值流量及径流总量，以此作为末端天鹅湖湿地的规模设计条件之一，超过0.33年一遇的将溢流至天鹅湖排涝区。设计方案如图2-92所示。

（2）模型计算

A．模型搭建步骤为：

a．选择适宜的模型，并搭建片区雨水径流系统模型。

b．采用代表性总出口（≥1个）不少于2场降雨径流的实测数据进行模型参数率定，代表性总出口（≥1个）不少于2场降雨径流的实测数据进行模型参数验证。选取Nash-Sutcliffe效率系数（ENS）作为模型率定和验证效果的评价指标，将ENS≥0.5作为模型率定验证效果的最低要求。

B．计算评估步骤

a．多年平均溢流频次本底值模拟。用不少于近10年的历史分钟精度的完整降雨数据，通过模型模拟，计算末端南干渠排口的年均溢流次数及径流量。与前一次溢流的间隔时间大于等于24h记为一次溢流。

b．建成后年均溢流频次评估。分流制雨污混接截流溢流控制工程建成后，对模型进行更新，并重新进行率定、验证后，按照上一步骤所述方法模拟计算排口的峰值流量、径流量，以及溢流至天鹅湖排涝区的溢流频次。

c．年均溢流频次削减率计算。得到末端排口年均溢流频次及溢流量的本底值、建成后年均溢流频次，两者的差值与本底值的比值，为雨污混接截流溢流的年均溢流频次削减率。

6）北方寒冷地区雨水设施景观设计方法（材料、植物）

雨水设施景观设计应遵循因地制宜原则，在雨水设施设计时应创造适宜植物生长的环境条件，在植物选择和配置中应充分发挥植物在改善水力流态和污染物去除等方面的作用。白城市海绵城市建设大量选择了本土化的植物，培育了大量本底苗圃基地，作为雨水设施重要的景观设计要素。因此，根据白城市海绵城市建设景观设计搭配经验，总结北方寒冷地区雨水设施的材料及植物选择配置。

对于北方寒冷缺水型城市来说，雨水设施的植物选择除要能耐淹、耐寒外，还要具备一定的抗旱和耐盐碱能力，不同设施的植物配置也不尽相同。

（1）生物滞留（下沉式绿地）植物

对于北方寒冷缺水型城市，生物滞留设施应选择能耐周期性水淹、净化污水能力强并有一定抗旱能力的植物，植物在蓄水区、缓冲区和边缘区这三个分区中的配置要充分考虑到不同植物的耐淹、耐旱特性，并通过水位的调节和填料的选择优化植物配置（表2-51、图2-93）。

图2-93 雨水花园种植层与覆盖层实景图

生物滞留设施植物选择表   表2-51

结构层	分区	植物种类
种植层	边缘区	蓝羊茅、射干、鼠尾草、假龙头、地被菊、松果菊
	缓冲区	黄菖蒲、鼠尾草、假龙头、肥皂草、金山绣线菊、福禄考、石竹
	蓄水区	马莲、千屈菜、金娃娃萱草、黑心菊、水葱
覆盖层		本地砂砾

（2）塘与湿地植物

北方城市对于塘与湿地植物的选择需考虑低温环境，以及当地水质与土壤特点，根据不同功能区水深特点选取耐淹、耐旱植物（表2-52、图2-94、图2-95）。

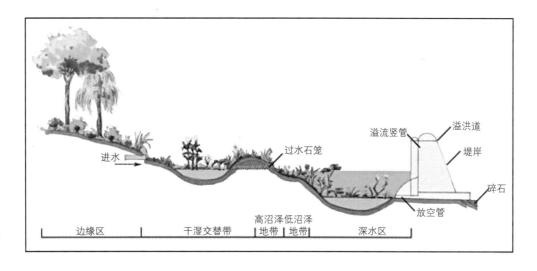

图2-94 湿塘植物配置示意图

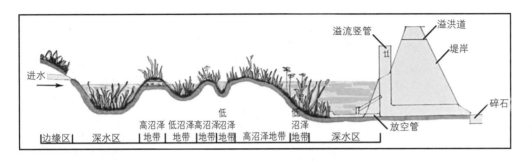

图2-95 湿地植物配置
示意图

塘与湿地植物选择表   表2-52

结构层	分区	植物种类
种植层	深水区	芦苇、马莲、千屈菜、金娃娃萱草、伊乐藻、金叶藻、光叶眼子菜、香蒲、水葱
	低沼泽地带	黄菖蒲、水葱、苦草、轮叶黑藻、竹叶眼子菜、荷花、田字萍、大藻、芦苇
	高沼泽地带	黄菖蒲、水葱、苦草、轮叶黑藻、竹叶眼子菜、荷花、田字萍、大藻、芦苇
	干湿交替带	芦苇、马莲、千屈菜、金娃娃萱草、三七景天、黄菖蒲、水葱、黄花鸢尾
	边缘区	石竹、八宝景天、紫丁香、连翘、松果菊、造型松、水曲柳
覆盖层		本地砂砾

（3）植草沟植物

　　根据植草沟的自身属性与功能，种植植物应具有抗冲刷、耐淹等功能，同时兼顾一定观赏性。白城市风沙大，下雨时路面泥土大量流进设施，所以对于转输型植草沟应选择能在薄砂和沉积物堆积的环境中生长，且能耐短期水淹且有一定耐旱能力、抗污染能力、抗逆性强的植物（表2-53、图2-96）。

图2-96 长庆南街植草沟实
景（杨梦晗 摄）

植草沟植物选择表			表2-53
结构	分区	植物种类	
种植层	边缘区	蓝羊茅、射干、鼠尾草、假龙头	
	缓冲区	黄菖蒲、鼠尾草、假龙头、肥皂草、金山绣线菊	
	蓄水区	马莲、千屈菜、金娃娃萱草、黑心菊	
覆盖层	本地砂砾		

（4）其他设施植物

其他雨水设施植物选择与配置可参考上述选择植物种类，其中人工土壤渗滤可参考生物滞留设施植物，渗透塘可参考干塘植物种类，生态浮岛可参考湿地植物等等。

2．模型参数向社会公开

白城市海绵城市建设利用Infoworks ICM模型，功能较为完善，水量和水质均可模拟，根据白城市本底条件及试点区系统方案，构建城市排水管网与河道双重模型，形成适宜白城当地的模型参数，可用来指导白城市海绵城市建设规划设计。目前模型设计方法及参数已发布在白城市住房和城乡建设局网站，向社会公开。

3．信息化平台

为建立完善的在线监测和预警体系，支持海绵城市建设与评估考核，应在源头设施、排水管网、受纳水体等要素选择适宜的监测点，建立监测预警系统，为在线监测数据提供统一的数据管理分析平台，并通过智能算法识别各类设施的潜在运行风险，及时发布溢流、内涝等报警信息，辅助管理者了解设施的运行状态，为海绵城市建设运行、考核评估、防汛应急、溢流管理提供数据支持（图2-97、图2-98）。海绵城市信息化监测体系不仅应该作为国家对海

图2-97　在线监测数据实时采集传送

图2-98　信息化平台

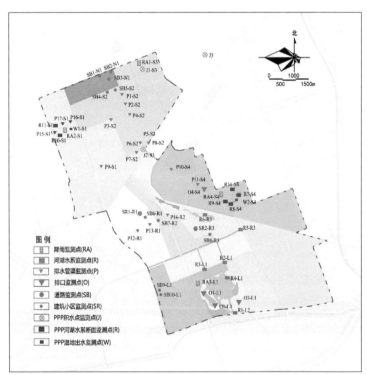

图2-99　试点区监测点布置图

绵城市项目建设成果的考核平台，也应该纳入白城市建设智慧城市的一部分，白城市海绵城市信息化平台应作为城市交通、给水排水、内涝预报预警管制与调度决策平台的雏形。白城市海绵城市建设试点区监测点布置如图2-99所示，测点位置及监测项目等见表2-54所列。

　　基于InfoNet建立信息化平台，InfoNet是一个功能强大的桌面数据管理系统，它是按照集成管理信息系统标准来设计的。InfoNet支持排水管网数据集的创建、查找、分析，并能便捷地为排水管网数据生成高质量的图表、报表，为在线监测数据提供统一的数据管理分析平台，并通过智能算法识别各类设施的潜在运行风险，及时发布溢流、内涝等报警信息，辅助管理者了解设施的运行状态，为海绵城市建设运行、考核评估、防汛应急、溢流管理提供数据支持。海绵城市信息化监测体系不仅作为国家对海绵城市项目建设成果的考核平台，也纳入到白城市建设智慧城市的一部分。

白城海绵城市监测采用在线和人工结合的方式对白城市海绵城市建设效果进行监测，并支撑PPP绩效考核。监测点位覆盖建筑小区、河湖水系、公园广场、海绵道路、排水管道、积水点、排口等，监测数据完整，在线监测数据已经实现实时查看。

试点区监测点布置一览表

表2-54

监测分类	编号	监测点位置	监测目的	监测项目	监测方式
示范区绩效考核监测点	SB1-N1	百福二期	生物滞留设施径流控制效果、屋面径路污染	流量、水质	人工
	SB2-N1	市政府	市政府径流控制效果	流量	人工
	SB3-N1	博物馆小区	生物滞留设施径流控制效果	流量	人工
	SB4-S2	佳兴雅苑	小区本地监测	流量、水质	人工
	SB5-S2	诚基花园	生物滞留设施径流控制效果	流量	人工
	SB6-R1	新区中学西侧出水口	监测地块径流控制效果	流量、水质、液位	在线
	SB7-R2	新区中学南门出水口	监测地块径流控制效果	流量、水质、液位	在线
	SB8-R3	新区市民服务中心东侧出水口	监测地块径流控制效果	流量、水质、液位	在线
	SB9-L1	科文中心总出水口	监测地块径流控制效果	流量、水质	在线
	SB10-L1	科文中心渗透塘溢流口	评估渗透塘径流控制效果	流量、水质	在线
	P1-S2	金辉街（海明路与金辉街交叉口）	监测排水分区S2内地块径流控制效果	流量、液位	在线
	P2-S2	金辉街（民生路与金辉街交叉口）	监测排水分区S2内地块径流控制效果	流量、液位	在线
	P3-S2	长庆街与新华路交叉口	监测排水分区S2内地块径流控制效果	流量、液位	在线
	P4-S2	金辉街（新华路与金辉街交叉口）	监测排水分区S2内地块径流控制效果	流量、液位	在线
	P5-S2	金辉街（铁路幼儿园北侧）	监测排水分区S3内地块径流控制效果	流量、液位	在线
	P6-S2	金辉街进聚宾苑雨水泵站前	监测排水分区S2径流控制效果	流量、液位、水质	在线
	P7-S2	金辉街与胜利路交叉口西侧	监测排水分区S1旱季、雨季雨污水情况	流量、液位	在线
	P8-S2	辽北路进聚宾苑雨水泵站前	监测排水分区S3径流控制效果	流量、液位、水质	在线
	P9-S1	胜利路与幸福街交叉口东侧	监测排水分区S1旱季、雨季雨污水情况	流量、液位	在线
	P10-S4	南干渠截流井	监测上游雨污混接情况	流量、水质	在线
	P11-S4	南干渠华严寺正门	监测污水流量	流量、液位	在线
	O4-S4	南干渠华严寺正门	监测老城区径流控制效果	流量、液位	在线
	P12-R1	纵七路与丽江路十字路口北侧	评估新城家园片区径流控制	流量、水质、液位	在线
	P13-R1	纵八路与丽江路十字路口北侧	评估新城家园片区径流控制	流量、水质、液位	在线
	P14-R2	长庆南街与丽江路十字路口北侧	监测排水分区R2内地块径流控制效果	流量、水质、液位	在线

102

中国海绵城市建设
创新实践系列

中国北方寒冷缺水地区
"海绵"典范
——吉林白城海绵城市
建设实践路径

续表

监测分类	编号	监测点位置	监测目的	监测项目	监测方式
示范区绩效考核监测点	R1-L2	鹤鸣湖南部进水口	监测鹤鸣湖来水	流量、水质、液位	在线
	R2-L1	规划三河：鹤鸣湖出水桥下	监测河道水质、水位	流量、水质、液位	在线
	R3-L1	规划二河：鹤鸣湖出水桥下	监测河道水质、水位	流量、水质、液位	在线
	R4-L1	鹤鸣湖东南侧	监测鹤鸣湖水质	水质	在线、人工
	R5-L1	规划一河	监测河道水质、水位	流量、液位、水质	在线
	R6-R3	山地公园	监测山地公园水质	水质	在线、人工
	SR1-R1	纵八路	监测生物滞留带径路控制效果、道路径流污染	进水口流量、水质；溢流口流量、水质	在线、人工
	SR2-R3	横五路	监测生物滞留带径路控制效果、道路径流污染	渗排管出水水质	人工
示范区绩效考核监测点	O1-L1	纵十七路（鹤鸣湖西侧）	鹤鸣湖西侧片区主干管运行工况	流量、液位	在线
	O2-L1	纵十七路（鹤鸣湖西南）	鹤鸣湖西侧片区主干管运行工况	流量、液位	在线
	O3-L1	淮河路雨水排口	碧桂园片区排水情况	流量、水质	在线
	RA1-S3	白城住建局	监测气象情况	降雨、风速、风向、温度	在线
	RA2-S1	天鹅湖	监测气象情况	降雨、风速、风向、温度	在线
	RA3-L1	鹤鸣湖	监测气象情况	降雨、风速、风向、温度	在线
	RA4-S4	科普公园	监测气象情况	降雨、风速、风向、温度	在线
	J3	辽北路与红旗街交叉口	监测积水情况	积水面积、深度、时间	在线、人工
PPP绩效考核监测点	P16-S1	科普公园进水口	监测科普公园公园进水	流量、水质	在线
	P17-S1	科普公园（旋流沉砂后）	评估旋流沉沙处理效果	水质	在线
	P15-S1	科普公园溢流口	评估科普公园径流控制效果	流量、水质	在线
	R10-S1	科普公园水体	监测景观水体情况	水质	在线、人工
	R11-S1	科普公园蓄水模块	监测模块效果	水质	在线
	W1-S1	科普公园湿地出水口	评估湿地水质处理效果	水质	在线
	W2-S4	天鹅湖水平潜流湿地出水口	评估水平潜流湿地水质处理效果	水质	在线
	R7-S4	天鹅湖水体	监测水体情况	水质	在线、人工
	R8-S4	天鹅湖水平潜流湿地进水口	监测天鹅湖水平潜流湿地进水	液位、流量、水质	在线
	R9-S4	天鹅湖泄洪区拦水坝	监测天鹅湖泄洪区进水	液位、流量、水质	在线
	R11-S4	天鹅湖溢流	评估天鹅湖径流控制效果	流量、水质	在线
	J1-S3	白城住建局门前	监测积水情况	积水面积、深度、时间	在线、人工
	J2-S2	金辉桥下	监测积水情况	积水面积、深度、时间	在线、人工

注：编号*1-#1，*1为监测类型编号，#1为排水分区编号

2.8.3 投融资机制建设

1. 投融资及PPP管理制度机制

白城市海绵城市建设工作，严格按照国家海绵城市建设内容及财政部相关操作指南要求，在依法依规的大前提下，不断强化项目前期规划及审批流程，无论是在传统模式还是PPP模式下，从项目发起立项，到项目建议书审批、能评环评报告、可行性研究报告，再到初步实施方案、物有所值评价、财政承受能力论证、采购文件，白城市海绵城市建设中的各个项目都经过了多个部门、多个流程的审核与报备，为此白城市政府出台了《白城市"海绵城市"及管廊城市项目建设资金管理的实施意见》、《白城市海绵城市建设PPP实施方案》、《白城市海绵城市建设财政承受能力评价》、《白城市海绵城市建设物有所值评价》、《PPP打包技术方案》、《白城市海绵城市建设老城区积水点综合整治与水环境综合保障PPP项目绩效考核办法》等海绵城市建设投融资、PPP管理方面的相关文件，严格项目物有所值评价、财政承受能力评价。采取专款专用，专账管理，预算、财政评审、跟踪审计、竣工结算、绩效评价全过程监管。

2. 项目边界清晰、PPP周期合理，资金落实

白城市采用公开招标的形式，遴选专业的建设和维护服务单位，将南干渠排水分区内的不同类型项目进行打包，考核边界清晰，权责清晰，1年建设期、14年运维期，并制定与海绵城市建设成效挂钩的绩效考核办法，按效果支付运行维护费，并将可用性服务费与逐年积水点、水体水质控制效果挂钩（图2-100）。

基于老城区积水点综合整治系统方案，建立"技术+商务"PPP落地模式，将老城区南干渠排水分区内的110余个项目进行打包，基本涵盖了试点区2017年计划实施内容，占地7.5km²，为独立的汇水分区（表2-55）。引入全国顶尖PPP商务咨询团队，从PPP项目确定、招投标、合同签订等全过程进行技术服务。将合理利润率控制在5.9%以内，使项目收益合理

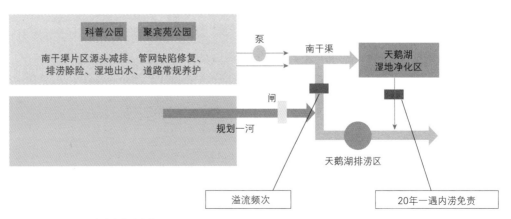

图2-100 PPP项目内容与免责条款

具有盈利空间，形成较好地与社会资本合作基础。

　　存量项目委托运营，新建项目BOT，政府负责封闭小区、事业单位、部分公共设施的改造与运行维护，项目公司负责开放小区、公园、道路的改造与运维，权责统一、易于考核。以排水分区最下游天鹅湖湿地净化区的截流频率、水体水质为考核边界，结合区域内部积水点、水体水环境质量产出指标，形成约束性绩效考核指标体系。

PPP建设内容分类投资表　　　　　　　　　　　　　　　　　　　　　　　　　　　表2-55

编号	项目包名称	项目内容	项目情况	设计投资（亿元）	小计（亿元）
1	道路及附属工程	道路、排水、绿化、积水点改造等	在建	3	6.9
			新建	3.9	
2	管网	管网	在建	0.22	0.76
			新建	0.54	
3	公园广场	公园、广场等	在建	0.75	1.9
			新建	1.15	
4	建筑与小区	小区、停车场和公益性建筑（体育场、学校、医院、政府办公楼等）	在建	1.97	4.18
			新建	2.21	
5		建设期利息+流动资金			0.21
总计					13.95

　　白城市海绵城市PPP项目经市政府研究决定，采用新建与在建（以竣工结算为准，移交中选社会资本方运营、维护，其余部分政府不予付费）打包，其中新建项目采用建设—

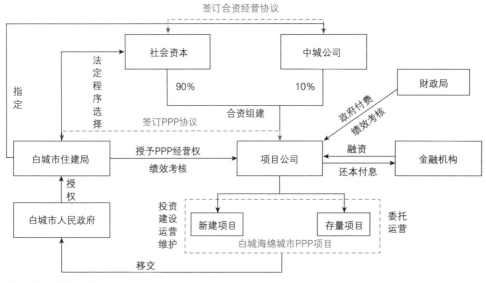

图2-101　PPP运作模式图

运营—移交模式进行投资、建设、运营和维护；在建项目采用委托运营模式合作期开始后即开始运营、维护；整体采用"政府付费"模式进行付费（图2-101）。政府与社会资本以股权合作形式成立项目公司，合作期限为15年，其中建设期1年，运营期14年。政府与社会资本权责明确，运营和维护市政道路及附属设施、公园水系河道治理、建筑与小区项目获得政府付费，以上收入用于支付经营成本、还本付息、回收投资，缴纳税费，并获取合理利润。

白城市海绵城市试点建设项目共计279个，项目总投资约43.5亿元，包括水生态水安全系统、园林绿地系统、道路交通海绵城市系统、建筑小区系统、PPP类项目、能力保障体系等六大类。其中中央财政给予补助资金12亿元，省转贷资金2亿元，地方自筹资金5.2亿元，采取PPP模式吸纳社会资本8亿元，通过企业融资16.3亿元。在整个白城市海绵城市建设体系中，充分体现了"以公益性为主，积极融合经营性"的海绵治理思路，特别是通过PPP模式，以政府购买服务的形式，合理使用财政资金，成功实施了一批项目投资规模大、公益性强的道路、片区海绵城市源头改造、积水点整治、水环境综合保障等基础设施海绵升级改造，在缓解政府财政压力的同时，也为公共服务领域创新投融资创新、深化体制改革进行了积极探索和尝试。

3. 绩效考核按效付费

为保证白城市海绵城市建设老城区积水点综合整治PPP项目健康运行，市住建局同相关主管部门，制定绩效考核办法。结合海绵城市绿色技术设施、灰色基础设施不同工程内容、不同季节的运行维护难度、内容特点，合理制定海绵工程与常规养护工程、设施维护与产出指标、不同季度的考核权重，采取日常考核、季度考核、不定期抽查考核形式，确定相关考核项指标分值权重，突出水质、积水点约束性产出指标，建立有效的可用性服务费、运营服务费按绩效支付与调整方式（图2-102）。

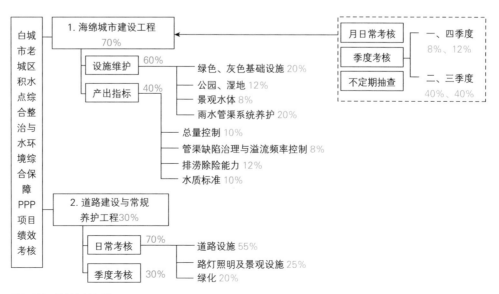

图2-102 绩效考核权重

项目包含海绵城市建设工程、道路建设（含小区内沥青路面）与常规养护工程，综合考虑造价、运营维护难度等，确定两项工程的绩效考核权重分别为70%和30%。

运营期内，市住建局通过对项目公司服务绩效水平进行考核，实现绩效考核结果与可用性服务费和运营维护服务费的支付挂钩。绩效考核评价结果量化为综合评分，并按照综合评分分级。

1）运营维护服务费支付

运营维护服务费 = 年度运营维护成本×（1+合理利润率）×绩效考核系数（2-15）

当项目公司考核得分达到或超过政府设定的绩效考核优良分数线85分时，绩效考核系数取1.00；当项目公司考核得分低于政府设定的绩效考核及格分数线60分时，绩效考核系数取0；当项目公司考核得分处于及格分数60~70分之间时，绩效考核系数取0.7；当项目公司考核得分处于70分和优良分数85分之间时，绩效考核系数按下列公式计算：绩效考核系数=0.7+0.3×（考核得分-70）/（85-70）。

2）可用性服务费的调整

（1）运营期内，如项目公司连续两次绩效考核结果得分低于70分，市住建局依下列公式支付当年及以后年份的可用性服务费，直至绩效考核结果得分不低于70分的年份：

当年可用性服务费支付金额 = 当年可用性服务费金额×90%　　　　　　（2-16）

（2）科普公园内景观水体水质、天鹅湖公园湿地出水水质必须满足绩效考核办法相应的水质标准，积水点个数必须满足绩效考核办法相应的排水能力要求标准。若上述子项水质不达标，则甲方有权依下列公式支付当年及以后年份的可用性服务费：

当年可用性服务费支付金额 =当年可用性服务费金额×（1-n×5%）　　　（2-17）

其中n＝水质不达标子项数量+积水点个数。

4．社会资本遴选方式

根据《财政部关于印发政府和社会资本合作模式操作指南（试行）的通知》（财金〔2014〕113号）、《关于印发<政府和社会资本合作项目政府采购管理办法>的通知》（财库〔2014〕215号）的相关要求，结合白城市海绵城市建设项目自身特点，采用公开招标方式选择社会资本。

根据项目特点，从主体资格、商业信誉、财务情况、投融资能力、业绩经验、技术能力、人员配置方案、技术方案和法律方案等方面要求投标人。社会资本遴选方式和流程客观、科学，以技术实力为导向进行评选，主要实施程序为：

（1）公开发布资格预审公告，向社会公开推广本项目；

（2）社会资本根据资格预审文件的要求提交资格预审申请文件；

（3）资格预审结果按规定通知资格预审申请文件的潜在社会资本；

（4）与潜在社会资本进行初步商洽，起草招标文件，并经实施机构通过；

（5）公开发布招标文件，并向潜在社会资本发售；

（6）接受社会资本递交的投标文件；

（7）招标评审小组对社会资本提交的投标文件进行综合评分，编写评审报告并向实施机构或其指定的具体职能部门提交中标结果；

（8）确定中标社会资本，实施机构对招标结果及相关文件进行公示，公示期满若无异议，同时PPP协议在白城市人民政府审核同意后，实施机构组织相关主体签署PPP协议。

2.8.4 绩效考核与奖励机制

1．绩效考核

对于白城市海绵城市建设，市委成立"督查指挥中心"，负责落实和追究各部门的相关责任；市住建局成立"白城市政府和社会资本合作项目服务中心"、"海绵办"，负责PPP项目公司的绩效考核及项目前期规划建设审批工作。

绩效考核办法由市住建局作为实施机构，负责指导和监督项目健康运行。市政府为项目考核工作小组，负责组织考核，市考核领导小组办公室负责绩效考核管理工作，负责绩效考核指标的汇总整理，督查办理重要会议决定、领导决议、交办事项的贯彻执行情况，组织雨水控制利用绩效考核工作并对具体指标考核结果汇总，报市考核领导小组进行按效果付费审定等工作。

绩效考核主要针对运营维护阶段，考核工作在建成后进行检查，由政府和社会资本合作项目服务中心办公室负责人参加。考核内容见表2-56、表2-57所列。每年考核一次，考核结果向社会公布。考核组成员要坚持考核原则，认真履行工作职责。考核结束后，按要求向领导小组提交考核成绩和考核综合评价的书面意见，并向其汇报考核情况。考核结果与可用性服务费、运营维护服务费支付挂钩，有效激励项目公司提高服务水平。市住建局将按绩效考核结果支付实际可用性服务费和运营维护服务费。考核工作小组应及时将考核结果反馈给市住建局和市财政局，作为确定政府购买服务费金额的依据。

设施维护考核内容   表2-56

序号		设施维护绩效考核内容	分值
1	雨水生态设施景观绿化	植物覆盖率、植物生长修理、定期清除杂物、植物维护管理、边坡台坎维护	0~6
2	雨水设施检修与更新	雨水生态设施、透水铺装、雨水调蓄池、雨水水质处理设施检修与设备更新	0~8
3	雨水设施日常管养	雨前检查、雨后检查、季度检查、年度检查	0~6

108

中国海绵城市建设
创新实践系列

中国北方寒冷缺水地区
"海绵"典范
——吉林白城海绵城市
建设实践路径

续表

序号		设施维护绩效考核内容		分值
4	公园/湿地及其景观养护（0~12）	植物栽培与管理	冬季防冻，及时收割与处置	0~2
		湿地设施检修与更换	日常设备检修与更换；运营期内至少一次设备大修与填料更换，护堤维护	0~3
		按湿地设计工况运行维护	丰水期与枯水期水位控制、冬季运行期间水位控制、湿地间歇运行、防汛期间紧急预案与紧急排放通道清理	0~3
		设施管养	公园/湿地相关景观（道路、垃圾桶、园灯等）的日常管养、维护与大修	0~2
		水质监测	对湿地进水、出水水质进行监测，每月提供不少于一次的水质检测报告	0~2
5	景观水体养护（0~8）	水体管理	避免杂物、垃圾、树木落叶、饲料等进入水体，禁止畜禽养殖，控制鱼类及生物种群数量	0~1
		水域保洁	清理垃圾和漂浮物等，设置景观水系循环净水装置，建设自净水生生物群落	0~1
		水生生物管理	水生动植物生态稳定，净化系统运行良好	0~2
		驳岸绿化	水体沿岸绿化养护	0~1
		设备维护	定期对设备进行维修保养，保证正常工作	0~2
		水体清淤	堤岸铺砌；清淤，保证淤积不得影响排涝功能和排水管口的排水	0~1
6	雨水管渠系统养护（0~20）	管渠缺陷修复治理	管网上下游衔接顺畅，保证无断头管，管渠清淤	0~10
		雨水泵站检修与设备更新	日常设备检修与更换；运营期内至少一次设备更换	0~6
		污水混接监测与处理	污水混接监测，保证无污水接入	0~4

产出指标考核内容 表2-57

产出质量绩效考核内容		分值
1. 年径流总量控制率	实现片区80%的年径流总量控制目标，设计降雨量为20.6mm	0~6
2. SS削减率	SS削减率达到40%	0~4
3. 管渠缺陷治理与径流污染控制	旱季，小区内无污水流入市政雨水管网；管渠疏通率100%；截流小于1年一遇实际降雨（根据修订暴雨强度公式按最大15min降雨强度计）产生的径流进入天鹅湖公园雨水湿地，或往天鹅湖泄洪区溢流次数不超过2次/a	0~8
4. 排水能力要求	重现期2年一遇暴雨不出现积水；重现期20年一遇暴雨不出现严重内涝	0~12
5. 水质标准	天鹅湖公园、科普公园、聚宾苑街头绿地雨水湿地出水，建筑与小区内湿地、土壤渗滤池等水质处理设施出水，及科普公园内的水体，根据《中华人民共和国地表水环境质量标准》GB 3838—2002，地表水环境质量标准基本项目24项，指标达到地表水Ⅳ类水质标准	0~10

2．海绵城市建设项目奖惩机制

为加快推进白城市海绵城市建设，提高海绵城市建设质量和可持续性，白城市海绵城市建设结合实际，白城市人民政府于2016年6月发布《白城市海绵城市建设项目奖励办法》。

市政府安排奖励资金1000万元，专项用于海绵城市建设。资金使用坚持"统筹安排、效益优先、公开公平、专款专用"的原则。对白城市中心城区范围内的房地产开发项目、保障性安居工程项目及市本级政府投资以外的公建项目，按海绵城市要求建设且在2018年12月31日前通过验收（运维期超过1年）的项目实施奖惩机制。

奖励标准：每建设具有1m³调蓄容积的雨水渗透、调蓄、净化设施，补贴250~350元，具体补贴金额根据将根据雨水径流控制效果、景观效果、运维质量、群众满意度进行综合评定后确定,评定标准参照《白城市区域雨水径流排放管理规定》、《白城市海绵城市建设工程施工验收与评价技术导则》、《白城市海绵城市建设工程运行维护与评价技术导则》。

项目建设单位报送"奖励资金申请报告"，附"建设项目雨水径流管理方案"、项目验收资料、"雨水设施日常运行维护记录"等资料。白城市住房和城乡建设局负责受理、审核、评价工作，经公示无异议后由市财政局拨付奖励资金。

奖励资金应专款专用，任何单位和个人不得截留、挪用。有下列情形之一的，白城市住房和城乡建设局不予受理：①未按规定建设实施的；②未通过竣工验收的；③后续运行维护不佳导致设施不能正常发挥效果的；④不符合国家其他相关规定的。对提供虚假材料，骗取专项奖励资金的，除追回已拨奖励资金外，并交相关部门依法处理。

3．海绵城市建设管理培训

白城市为落实将海绵城市建设的理念作为长期坚持的要求，将海绵城市建设的内容纳入各相关部门的工作培训、干部培训交流当中，深入学习白城市海绵城市建设规划建设制度、导则等相关内容，更好地指导海绵城市建设具体实施，保质保量完成国家试点建设任务，因此举办白城市海绵城市建设管理培训班，由市海绵城市建设指挥部对海绵城市建设工程技术人员进行规划建设管理专项培训（图2-103）。

图2-103　海绵城市建设管理培训现场

2.8.5　产业发展优惠政策

1．技术创新、产业发展优惠政策

白城市政府安排奖励资金1000万元，专项用于海绵城市建设，推动海绵城市建设的技术进步和提升技术水平，鼓励在海绵城市建设中使用创新的规划设计方法、施工工法、创新技术产品，并在相关文件审批过程中适当放宽限制、建设中给予补贴，政策适用于白城市范围内的房地产开发项目、保障性安居工程项目及市本级政府投资以外的公建项目。

2．海绵产业化：本地材料变废为宝

由于海绵城市多为公益项目，无收益，因此，白城市海绵城市PPP项目采用政府购买服务的方式，支付社会资本方建设与运维费，缓解政府财政压力，通过海绵城市建设带动地方产业。

白城市2m以下即为砂砾层，地质条件非常利于雨水入渗，也为白城提供大量的海绵优质材料——砂砾，是生态设施优良的覆盖层防冲刷材料，其应用可有效解决了生态设施边坡宜冲刷等问题。

此外，海绵城市建设大量选择了本土化的植物，培育了大量本底苗圃基地，作为雨水渗滤设施重要的净化材料，往日无人问津的炉渣变废为宝，成为海绵城市建设的优质材料。

3．技术创新

1）解决北方融雪剂与冻融难题

北方城市冬季降雪量大，冬季多使用融雪剂进行除雪，近些年，多采用机械除雪，但极端天气情况下，依然会使用融雪剂。众所周知，融雪剂会对道路绿化植物造成侵害，尤其是海绵型道路，含融雪剂的融雪径流会顺利排入道路下沉式绿化带内，更容易对植物产生影响，因此，北方城市海绵型道路建设应能有效解决冬季融雪剂、雨季径流雨水协同控制，还要低维护。

除了融雪剂，北方城市采用透水铺装还会遇到另一问题，就是冬季融雪水进入透水铺装结构层，极易产生冻胀而破坏路面铺装。为解决融雪剂和冻融技术难题，白城市联合科研单位，创新研发了"抗冻融透水铺装与融雪剂自动渗滤弃流生物滞留带"集成技术以及"组合式多介质渗滤净化树池"，使海绵城市适应北方高寒地区气候特点，其中融雪剂自动渗滤弃流与抗冻融透水铺装技术通过竖向控制并设置自动渗滤弃流渗渠、铺装结构层设置排水带及横向间隔设置变形缝，实现融雪剂自动弃流与抗冻融透水铺装的集成，并选择适合本地生长的抗碱性强的植物，解决了融雪剂侵害雨水生态设施植物的问题，适用于北方寒冷地区城市道路径流控制与利用；组合式多介质渗滤净化树池通过一体化、采用高性能渗滤介质、设置多级溢流口、设置可控闸板，实现对道路雨水径流水质、水量、峰值高效控制和融雪剂自动弃流，适用于城市道路径流污染控制，尤其适用于老城区绿化空间不足的城市道路海绵化改造。

两项技术均已申请授权国家发明专利，组合式雨水渗滤树池（已授权国家发明专利，专利号ZL201410328452.2，授权公告日2016年3月23日，详见附录D1）、道路径流弃流系统及道路径流渗滤系统（申请号201710204583.3，详见附录D2），且在白城市海绵城市建设中已实际应用，其中生态新区横一路、横五路、横八路、横十路、纵十七路、家园路6条道路约4.8km长路段的海绵型道路建设，采用了融雪剂自动渗滤弃流与抗冻融透水铺装技术，经过两个冬季的运行结果表明，人行道透水铺装抗冻和生物滞留带融雪水弃流与渗滤效果良好，达到了预期设计目标。

老城区长庆街、民生路、洮安路3条道路的海绵城市改造，在道路两侧绿化带内采用了组合式多介质渗滤净化树池，3条道路分别应用了37组、52组、59组，钢筋混凝土结构，规格为2m×4m和1.5m×4m。该组合式树池解决了老城区绿化带空间不足，难以进行海绵化改造的难题，而且采用了白城市当地易获取的炉渣等填料，并经过实际降雨监测结果表明，水质净化效果非常好，其中对SS去除率为90%、控制10mm降雨量，径流控制功能和景观效果达到了预期目标。

2）道路井圈加固施工工法

随着汽车的不断普及，日益繁重的交通运输使道路的寿命越来越短。市政道路在投入运营不久就出现各种病害，严重影响道路的耐久性、舒适性。其中市政道路中最容易出现损坏的部位就是检查井的四周，表现出来主要的问题有井盖变形噪响、井周路面开裂和沉陷等一系列通病，进而破坏路面结构、降低道路的使用寿命和运营品质，影响过往车辆运行的

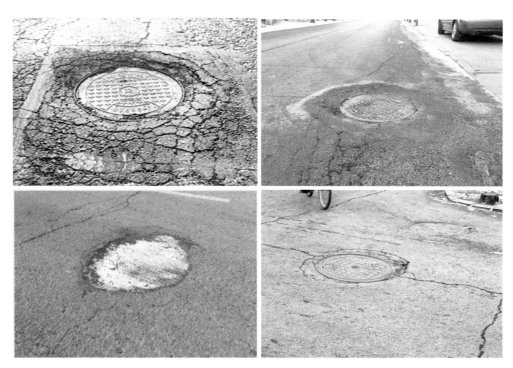

图2-104　未做井周加固的效果

112

中国海绵城市建设
创新实践系列

中国北方寒冷缺水地区
"海绵"典范
——吉林白城海绵城市
建设实践路径

平稳和安全。具体表现为：新建的道路投入运营一段时间后，沥青路面先围绕着井盖边缘10~20cm的位置上出现环裂，裂缝随着时间的推移加宽和增加，裂缝由细裂缝变成贯穿裂缝直至导致井盖周边的路面下沉（图2-104）。针对这一现象，结合市政施工以及白城市当地气候水文特点特制定了一套行之有效的方案。

（1）井周破坏原因分析

井周出现破坏的原因较多，大体上分为客观和主观两个方面。

客观方面：

①路基及路面与检查井结合处脆弱，导致应力集中现象，破坏应力容易超过允许应力，容易出现开裂现象。

②降水通过贯通裂缝渗入到路基后软化路基，导致承载力进一步降低，加剧破坏的产生，在寒冷地区存在冻胀现象时这一问题会加剧。

③检查井属于刚性构筑物，路基路面相对其为柔性结构，运营时检查井盖经行车荷载的反复作用，造成井体下沉。

④井周处产生的高程差受到汽车的冲击破坏，进一步导致路面的损坏加重。

施工或运营中存在管理不到位的主观因素：

①砌筑工艺质量差，砂浆配合比较差，水泥含量过低，井身混凝土强度不足，检查井的基底承载力不符合设计要求。

②井周回填质量不符合设计要求，填料不符合要求或者井周回填密实度不满足设计要求等。

③检查井成井后砂浆或者混凝土的强度未达到设计强度就进行路面施工，造成检查井的破坏。

④市政道路施工过程中，没有控制好检查井或者路面的高程，造成井与路面高程差超过规范要求。

⑤通车后维修养护不到位，致使问题越来越严重。

以上因素在市政道路施工和运营过程中是司空见惯的，在某些阶段互为因果关系，相互影响，形成恶性循环，从而导致市政道路投入运营短期内就出现各种问题。

（2）技术方案

白城市海绵城市道路施工过程中，采用井周加固的方式来解决以上问题。该方案的机理核心为，增大检查井四周的受力面积，设置合理的过渡段落，缓和不均匀沉降。

A. 受力分析

通过井周加固增大了检查井的受力面积，相应地减小了单位面积承受的压强。根据压强计算公式：

$$P = \frac{N}{S} \tag{2-18}$$

式中　P——压强，此处为检查井盖处承受的压强，MPa；

N——承受的压力，kN；

S——接触面积，m^2。

以白城市主要的直径为700mm的井盖为例，井盖上承受的汽车轴重为N，则其压强为P_1：

$$P_1 = \frac{N}{S_1} \tag{2-19}$$

式中　P_1——压强，此处为未施作井周加固时检查井盖处承受的压强，MPa；

N——承受的压力，kN；

S_1——接触面积，m^2，此处$S_1=\pi D^2/4=3.14\times0.7^2/4=0.38m^2$。

由式（2-19）可知

$$P_1 = \frac{N}{S_1} = \frac{N}{0.38} \tag{2-20}$$

在施作井周加固后，检查井的受力面积为$S_2=2.18\times2.18=5.75m^2$，由式（2-18）可知此时检查井所承受的压强为：

$$P_2 = \frac{N}{S_2} = \frac{N}{4.75} \tag{2-21}$$

由式（2-20）和式（2-21）可得，

$$\frac{P_2}{P_1} = 12.5 \tag{2-22}$$

由式（2-22）可以看出未经过井周加固的检查井所承受的荷载是经过处理后的12.5倍，井周加固效果明显。

同时，井周加固也起到了由刚性的检查井向柔性路基的有效过渡，有效抑制了不均匀沉降，进而可以在很大程度上抑制由此产生的路面裂缝。

B. 井周施工的工艺流程

井周加固开挖→混凝土垫层浇筑→模具安装→钢筋安装→内模安装→混凝土浇筑→养护→洒布透层油→沥青下面层施工→井盖处反开挖→井周加固的模板安装→人工补料及夯实处理→调平及碾压密实→沥青上面层施工→再次将井盖挖出→井盖回填整平→人工填补细料并碾压密实→清理井盖沥青混凝土→碾压密实（图2-105、图2-106）。

图2-105　钢筋安装

图2-106　施工完毕的效果

114

中国海绵城市建设
创新实践系列

中国北方寒冷缺水地区
"海绵"典范
——吉林白城海绵城市
建设实践路径

C．具体施工工艺

a．井周加固开挖

首先应确定井周处理的边界，以检查井的中心为基准点，井周加固边线顺路方向平行于道路中线，横路方向与道路中线垂直，用滑石笔和长尺准确画到基层顶面上，按照标定的位置，进行切割，深度达到水稳层底面，将井周处理范围与基层隔离开。按照切割边线进行破碎，达到道路基层底面。人工配合小型挖掘机挖装废料，自卸汽车运输，挖运过程中以机械开挖为主，人工辅助施工。距离处理界面20cm处改由人工用铁锹进行清料。

b．混凝土垫层浇筑

基底清理完毕，再次对基底的标高、尺寸等进行检查，检查合格后即可进行混凝土垫层施工，混凝土垫层采用C30混凝土，由混凝土罐车直接卸入到基槽中，垫层浇筑过程中始终以混凝土垫层的控制标高为基准控制点，用木抹抹平，待混凝土将要初凝时，再用铁抹将混凝土面层压光收平，混凝土终凝后，表面浇水养护，以保持混凝土表面经常湿润为宜。

c．模具安装

在混凝土垫层浇筑过程中，应该提前将模具安装至合适位置，为确保模具的强度、刚度以及稳定性，模具内部应采用上中下三层由ϕ16钢筋焊接的十字内撑，模具卡位稳固。内模为直径670mm的钢模，外侧模为水稳层立面。板安装时以井为中心，挂10m长度纵横线，确定安装高度和坡度。模板安装过程中应保证钢筋保护层厚度满足设计要求，钢筋保护层采用预制的混凝土垫块满足4块/m²，模板安装完毕进行自检，模板壁是否光滑平整，密封性是否良好，然后均匀涂刷脱模剂。

d．钢筋安装

钢筋采用集中加工，并由小推车将成品运送至各检查井的方法，所有钢筋在加工前先由调直机进行调直，再由弯曲机弯曲至设计图纸要求的尺寸，钢筋之间连接采用钢丝绑扎的施工工艺，钢筋安装时注意与芯模之间的钢筋保护层厚度应满足设计图纸要求，做到中轴线一致。

e．井周混凝土浇筑及振捣密实

周边立面和底部清净活动颗粒，基底洒水湿润。以井为中心，挂10m长度纵横线，确定坡面后，向下70mm挂线，作为混凝土顶面浇筑高度。混凝土入模高度不得大于150mm，均匀入模。使用插入式振捣棒振捣。振捣至混凝土停止下沉、没有气泡逸出、表面泛浆为止。振捣结束后，以井为中心，在道路上挂10m长度纵横线，再次确认混凝土顶面高度是否正确。顶面高度重新确定好后，井口周边50mm宽度范围内进行抹光，为铸铁井盖安装提供条件，其他部位可做出麻面。

f．混凝土整平

井周混凝土浇筑完毕，应在混凝土初凝前用抹子抹平，并采用铁抹提浆，将混凝土表面整平。

g.养护

白城地区大风，强烈阳光，高温，14%空气湿度，混凝土极易收缩裂缝。做面后及时苫盖养护。湿润养护7天，方可进行下道工序施工。要采取措施防止车辆和行人通过。

h.洒布透层油

水稳层自检合格后，在水稳层上均匀洒布透层沥青油，待透层沥青油渗入深度符合设计要求时，再进行下道工序施工。

i.沥青下面层摊铺

沥青混凝土下面层施工时，采用沥青摊铺机均匀摊铺，检查井处采用钢板进行覆盖，钢板位置应标记在道路两侧的路缘石上，标记采用易于擦除的水性笔标记，以便后续开挖检查井的定位。

j.检查井处反开挖

摊铺完毕由人工进行反开挖，将检查井处的铁板取出。

k.井周加固的模板安装

将圆形钢模重新安装至检查井位置处，人工均匀将沥青料填补至井圈四周，1人手推车运料，2人进行补料。沥青顶面洒补沥青细料，避免孔隙过大形成蜂窝，沥青料洒补完毕及时采用小型压实机进行碾压密实。

l.人工补撒沥青细料

井周的模板安装完毕，由2~3人手持铁锹将井周的沥青料均匀洒布，并用铁锹反刮，将沥青混合料中的粗颗粒刮走，剩余沥青细料。

m.小型夯机夯实

采用小型夯机围绕检查井四周进行夯实，井周的压实度应满足设计要求。

n.取出检查井内模

人工取出检查井的内模，在取检查井内模时，尽量不要破坏检查井周的沥青混凝土。

o.安放检查井盖并调平

由于检查井盖为铸铁井盖，井盖较重，应3~4人进行安装，安装时应注意检查井盖的开口方向顺道路方向，并按照井盖的指示安装，不可放反，井盖的位置正确后，再进行井盖的调平。

p.压路机碾压

人工进行调平后再由压路机缓缓地从井盖上压过，压路机尽量不要从检查井附近启动或停留，匀速驶过，同时为了后续检查井盖面部的清理，所有铸铁井盖应事先喷洒1∶3（柴油和水）油水混合物。

q.上面层摊铺

下面层检验合格后，进行粘层油喷洒，为确保粘层油破乳充分，应提前半天或一天时间，粘层油由褐色变成黑色，水分充分蒸发后，即可进行上面层摊铺。摊铺由摊铺机进行，高程由自动调平装置控制。

r．检查井再次开挖

摊铺完毕后，再次将检查井井盖挖出，现场至少5名工人，由2人将铸铁井盖挖出。

s．井盖周边沥青回填

井盖先开挖出来，再由2人进行井盖临时支垫，另外2人向井盖底部填料，1人用手推车运输沥青料，检查井盖比四周虚铺的路面高2cm左右。

t．井盖周填补细料

在填补沥青料过程中需要注意的是面层顶面需要补撒沥青细料，否则等碾压完毕，在检查井四周会出现类似蜂窝麻面现象，进而会影响检查井的使用寿命，细料填补的方法是用铁锹反刮，将较大颗粒的沥青混合料刮除，并用铁锹铲送至废料车上运走。

u．人工清理井盖上沥青混凝土

采用柴油或汽油，用铁锹及时将井盖上粘有的沥青混合料清理干净。需要注意的是检查井盖的开挖、回填沥青料以及井盖的清理应尽量缩短时间，以避免沥青混合料冷却过快从而影响面层施工质量。

v．压路机碾压密实

压路机再次进行碾压，碾压应纵向进退式进行，不得在沥青面层上急转、调头，压路机不得在检查井附近启动或停留，匀速碾压密实。

（3）技术总结

井周加固不仅仅适用于城市旧道路，市政新建道路也适用。在检查井四周做成2.18m×2.18m的混凝土板，放置在检查井井筒上，实现了刚性检查井与柔性路基有效过渡，避免了井周的不均匀沉降。同时通过井周加固，增大了检查井四周的受力面积，从而更好地避免了井周的不均匀沉降。

3

示范项目

118

中国海绵城市建设
创新实践系列

中国北方寒冷缺水地区
"海绵"典范
——吉林白城海绵城市
建设实践路径

3.1
小区类

3.1.1　市民服务中心

　　白城市市民服务中心（生态新区图书馆和群众艺术馆）位于白城新城行政中心区核心位置，北引长庆立交桥，南临鹤鸣湖，东接市民广场，西靠繁华商业区，交通便捷、设施齐备（图3-1）。该区域在2015年被列入白城市海绵城市示范区后，以海绵城市建设为契机，全面提升了小区的综合品质。

　　根据不同汇水分区的竖向关系、绿地及硬化铺装分布、屋面雨水排放特点（内排水、外排水）等，分析不同硬化面径流雨水的处理流程，构建低影响开发雨水系统（图3-2）。

　　市民服务中心小区低影响开发雨水处理流程如下：①将停车场改为生态停车场，停车位采用嵌草砖铺装形式，停车位与植草沟之间采用平缘石，植草沟坡向雨水花园，超标雨水溢流至雨水管道。②广场雨水径流采用断接方式，利用线性排水沟将雨水引入蓄水池，设置回收利用系统，供绿化浇灌、道路冲洗使用。③采用本土植物和本地砾石相结合的方式打造北方寒冷地区雨水设施景观：选择能耐周期性水淹、净化污水能力强并有一定抗旱能力的本土植物，植物在蓄水区、缓冲区和边缘区的选择考虑不同其耐淹、耐旱特性。砾石铺设在雨水

图3-1　市民服务中心项目
位置图

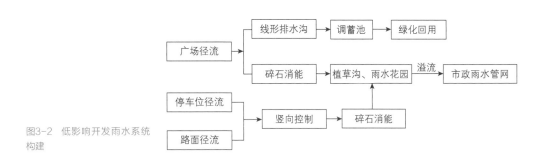

图3-2 低影响开发雨水系统构建

净化和防水土流失的同时，保障了雨水设施的景观效果（图3-3~图3-5）。

以2017年9月5日与2017年9月19日两场降雨进行小区海绵改造效果模拟分析，根据新城区鹤鸣湖5号桥的气象站监测数据，两场降雨累计降雨分别为22.6、57.2mm，市民服务中心排出口的累计排放水量分别为37.07m³和400.97m³。降雨量—排出口流量变化情况分别如图3-6、图3-7所示。

根据模拟结果分析，市民服务中心对两场降雨的径流控制率分别达到了90.9%、78.5%。

3.1.2 城基花园

城基花园小区位于白城市洮北区，属于老旧小区，占地总面积36241.48m²，建筑面积为16077.19m²，绿化空间较少，绿化面积仅为2516.92m²，且绿地多为楼前绿地（图3-8）。

小区采用开放式管理，有2个出入口与市政道路相连，内部为双向车道，消防通道畅通，无人行道与无障碍体系，通行方式为人车混行。停车位全部为地上，地下空间未进行开发。小区原有道路、铺装及绿化破损严重。小区内现状无雨水管，地表散排无组织排水，排入相邻市政道路。该区域在2015年被列入白城市海绵城市示范区后，以海绵城市建设为契机，针对小区存在的问题进行改造，全面提升了小区的综合品质。

图3-3 改造后的市民服务中心生态停车位（杨梦晗 摄）

120

中国海绵城市建设
创新实践系列

中国北方寒冷缺水地区
"海绵"典范
——吉林白城海绵城市
建设实践路径

图3-4　白城本地砾石在市民服务中心改造项目中雨水花园使用的效果

　　小区位于南干渠排水分区上游，根据白城市海绵城市专项规划，老城区年径流总量控制率为80%，本着连片治理、整体达标的原则，按照"最大程度技术可行性"的原则，最大限度地减少雨水外排，突出源头滞渗，因此，结合分区整体情况及小区自身可实施性，最终确定该小区的年径流总量控制率为80%，小区年SS总量削减率不低于50%。

　　项目结合破损路面修复铺设透水铺装，结合植被覆盖率提高建设生物滞留设施，提升绿化品质，从而达到"小区变花园，老城变新城"的目标。结合海绵城市低影响开发的原则，重点考虑绿色优先、重视灰色、地上与地下结合、景观与功能并行的设计原则（图3-9）。

图3-5　市民服务中心植草沟实景

　　结合项目需求，为更好地突出源头滞渗，解决局部积水问题，提升民生环境，结合土壤渗透性能，优先选择以渗透为主的技术，如雨水花园+渗井（图3-10）等，根据汇水情况，通过集中与分散相结合的布置方式对雨水进行汇集。针对不透水铺装面积大、局部路面破损等问题，选择透水铺装进行改造。

　　由于场地纵向坡度大，雨水流速快，对于屋面和道路汇集的雨水通过线性排水沟进行截流，有效地将雨水引入绿地中的调蓄设施。根据项目情况修补破损雨落管，修建雨水收集回用设施，如雨水桶等。

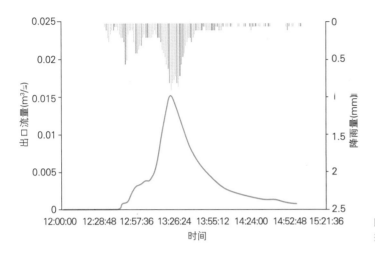

图3-6　2017年9月5日降雨量—
排出口径流量变化曲线

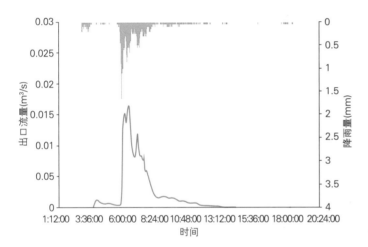

图3-7　2017年9月19日降雨量—
排出口径流量变化曲线

图3-8　城基花园项目位置图

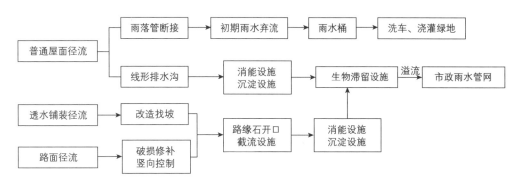

图3-9　低影响开发雨水系统构建

图3-10　雨水花园+渗井做法图

因小区无雨水管网，超出设计降雨量的雨水径流，通过地表漫流的形式排出小区，进入新建市政雨水管网。

该项目海绵投资工程造价共计711.48万元，最终实现年径流总量控制率80%的目标。为了能让广大百姓接受，本项目通过媒体、业主、居民代表等多方渠道进行了宣传，并且在设计阶段广泛征求了相关意见，通过海绵改造，在达到源头滞渗的同时，也解决了小区自身存在的部分问题，受到居民一致好评（图3-11）。

以2017年9月5日与2017年9月19日两场降雨进行小区海绵改造效果模拟分析，根据老

124

中国海绵城市建设
创新实践系列

中国北方寒冷缺水地区
"海绵"典范
——吉林白城海绵城市
建设实践路径

图3-11　建成实景图

城区住建局的气象站监测数据，两场降雨累计降雨分别为22.6、57.2mm，城基花园排出口的累计排放水量分别为16.78m³和251.05m³。降雨量—排出口流量变化情况如图3-12、图3-13所示。

根据模拟结果分析，城基花园对两场降雨的径流控制率分别达到了93.8%、77.5%。

3.1.3　阳光A片区改造项目

阳光A片区海绵城市建设改造项目工程包含在经开区施工一标段中，阳光A区小区共有14栋楼，住房公积金小区共有5栋楼，中行小区共有3栋楼，财政小区共有19栋楼，广电小区共有10栋楼（图3-14）。改造内容包括楼道改造、附属设施建设、道路铺装、照明、下沉式绿地、线形排水沟、雨水花园、生物滞留带、绿化等。

改造前片区小区内基础设施建设不够完善。道路严重破损，雨季经常出现积水内涝现象。楼道内外无照明设施，影响居民出行。私搭乱建现象突出，墙体各类小广告较多，小区环境可谓脏、乱、差。地下管网老旧，如污水管道、供热管道、给水管道等设施损坏堵塞情况严重，导致居民生活十分不便。

该片区一共改造铺装面积25700m²，沥青道路面积18000m²，楼道改造40000m²，污水管线改造4500m（每个单元的出户管主线、支线、污水井都进行了更新改造），绿化面积

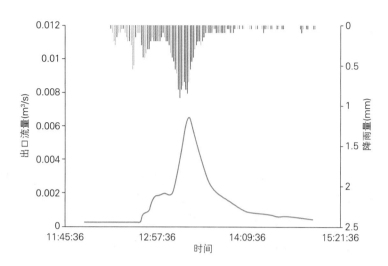

图3-12　2017年9月5日降雨量—排出口径流量变化曲线

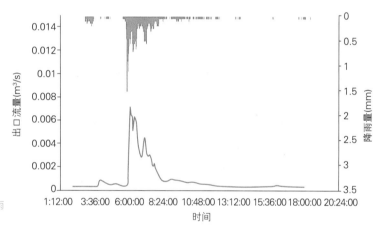

图3-13　2017年9月19日降雨量—排出口径流量变化曲线

9152m²，线形排水沟1800m，楼外路灯安装190个。改造完成后居民出行便捷，生活舒适，环境美观，功能设施更加完善，完全体现出了海绵城市建设的实效：小雨不积水，大雨不内涝（图3-15~图3-18）。获得该片区小区居民的一致好评，认为这是政府为百姓做的最大的民生实事。

3.1.4　铁鹤小区改造工程

铁鹤小区占地总面积41499.25m²，共有建筑物28栋，小区原有道路、铺装及绿化，破损严重，2016年被纳入白城市海绵城市建设项目中（图3-19）。

项目改造内容主要包括：楼道内墙壁及扶手的粉刷、声控灯的安装、线缆入槽、污水管道疏通、绿化工程、亮化工程、硬化工程、凉亭及　行车棚的建设和环卫设施的安装等（图3-20~图3-23）。小区综合改造包含了大量的海绵元素，在适应环境变化和应对自然灾害等

图3-14　俯瞰阳光A片区改造实景（白城海绵办供图）

图3-15　休闲景观凉亭（杨梦晗 摄）

图3-16　新建的社区休闲长廊（杨梦晗 摄）

图3-17　阳光A片区为缓解居民停车难"见缝插针"新增的生态停车位（杨梦晗 摄）

图3-18　阳光A片区雨水花园实景（杨梦晗 摄）

图3-19　铁鹤小区俯瞰图（白城海绵办供图）

图3-20　铁鹤小区新增停车位（白城海绵办供图）

方面具有良好的"弹性"：铺装面层主要采用缝隙透水砖铺装，基层采用豆石透水混凝土来实现透水功能。铁鹤小区铺装面积共计11018.38m²。绿化采用下沉式绿地、生物滞留带、雨水花园，还有就是绿地进出口统一设计安置了水冲石。绿化面积共计3882.15m²。新建自行车棚1个、绿地14块、垃圾堆放点10个、宣传栏3个、路灯及路灯电池井共计98个。为进一步改善和美化小区环境，对原有建筑物外墙墙体（一层）进行重新粉刷，将小区内原有各种线缆均移入统一线槽内。

图3-21　铁鹤小区一角（白城海绵办供图）

图3-22　铁鹤小区雨水花园实景（白城海绵办供图）

图3-23　铁鹤小区改造后的全景图（白城海绵办供图）

3.1.5　民生乙小区改造工程

民生乙小区项目占地总面积35997.88㎡，既有建（构）筑数量20座，楼间公共地块14块，小区原有道路、铺装及绿化破损严重，2016年被纳入白城市海绵城市建设项目中（图3-24~图3-26）。项目改造设计内容为小区内道路、停车位、小区绿化、雨水收集措施等。

图3-24 改造完工的民生乙小区一角（白城海绵办供图）

图3-25 鸟瞰改造完工的民生乙小区效果（白城海绵办供图）

130

中国海绵城市建设
创新实践系列

中国北方寒冷缺水地区
"海绵"典范
——吉林白城海绵城市
建设实践路径

图3-26　民生乙小区雨水花园实景（白城海绵办供图）

海绵城市元素主要体现在：铺装面层主要采用缝隙透水砖铺装，基层采用豆石透水混凝土来
实现透水功能，它的作用就是在雨量小的时候可以通过缝隙透水砖下渗雨水。雨量大的时
候，可以通过坡度将雨水排入线形排水沟内，再排入雨水花园中，实现雨水滞渗。铺装面积
共计6831.53m²，绿化面积共计6344.79m²，生态停车场面积3043.5m²。为方便居民生活设置
垃圾点17个，新建车棚2个，增设入口车行限高，照明路灯118个，小区内原有各种线缆统
一移入线槽内。

3.1.6　百福二期小区改造工程

百福二期小区始建于2000年，占地总面积10157.32m²，共有建筑物7栋，小区原有道
路、铺装及绿化破损严重，2016年被纳入白城市海绵城市建设项目中（图3-27~图3-31）。
项目改造内容主要包括：楼道内墙壁及扶手的粉刷、声控灯的安装、线缆入槽、污水管道疏
通、绿化工程、亮化工程、硬化工程、凉亭及自行车棚的建设和环卫设施的安装。

小区综合改造包含了大量的海绵元素，在适应环境变化和应对自然灾害等方面具有良
好的"弹性"。主要体现在：铺装面层主要采用缝隙透水砖铺装，基层采用豆石透水混凝土
来实现透水功能，在雨量小的时候可以通过缝隙透水砖下渗雨水，雨量大的时候可以通过
坡度将雨水排入线形排水沟内，再排入雨水花园中，实现雨水滞渗。绿化采用下沉式绿地
和雨水花园，绿地进出口设计铺设了水冲石。百福二期铺装面积共计2349m²，绿化面积共计
1980m²。新建自行车棚4个、凉亭1个、廊架1个、绿地4块、路灯及路灯电池井共计29个。
为进一步改善和美化小区环境，对原有建筑物外墙墙体（一层）及小区铁围栏、廊架重新粉
刷，原有各种线缆统一移入线槽内。

图3-27　百福二期改造后的实景（白城海绵办供图）

图3-28　小区改造后一角（白城海绵办供图）

图3-29　雨水花园实景（白城海绵办供图）

图3-30　海绵化改造后实景（白城海绵办供图）

图3-31　下沉式绿地（白城海绵办供图）

3.1.7 学士苑小区改造工程

学士苑小区位于白城市洮北区。2016年，学士苑小区被列为白城老城区提升改造海绵建设工程实施范围，改造总面积为29175.61㎡（图3-32~图3-35）。其中，小区地面铺装面积达7358㎡。新建沥青混凝土面积4880㎡。新建自行车棚1个。楼道改造13822.6㎡。学士苑小区改造项目主要包含六大施工内容：

（1）拆除原有地面铺装工程。拆除工程主要包括面层及基础。

（2）硬化铺装工程。小区内主道路新建沥青混凝路，园区内的面层铺装全部为彩色透水砖，兼顾美观和实用。

（3）新建园区内的小品工程。主要包括新建垃圾桶、减速带、宣传栏、限速栏、廊架、木凉亭、自行车棚、管理房等。

（4）土方工程。主要包括场地基础回填、场地整形等。整体工程需要挖出土方10146m³。

（5）改造工程。主要包括仓库改造、楼道改造、楼体外墙改造等。

（6）海绵化改造工程。小区新建污水管网、透水铺装、生物滞留、雨水花园、调蓄水池及配套回用管道等海绵元素来实现自然排水和蓄水。改造完成之后，下雨时可以吸水、蓄水、渗水、净水，有用水需要时将蓄存的水释放并加以利用。

图3-32 生物滞留池（杨梦晗 摄）

图3-33 改造后的小区实景（杨梦晗 摄）

图3-34 雨水花园实景（一）（杨梦晗 摄）

图3-35 雨水花园实景（二）（杨梦晗 摄）

图3-36 红叶小区鸟瞰（白城海绵办供图）

3.1.8 红叶小区改造工程

红叶小区改造项目属于白城市海绵城市建设工程2016年海绵城市建设工程洮北区一标段，位于洮北区，东邻明仁街，南至长庆街，西至金辉街，北至民生路（图3-36~图3-40）。小区占地总面积39714.65m^2，建筑物占地面积17179.82m^2。该小区按照年径流总量控制率80%设计，设计综合径流系数0.5，设计降雨量36.58mm。红叶小区原铺装破损严重，并且均为非透水铺装，小区内没有雨水管网，导致下雨后路面有积水，影响小区居民正常出行。通过海绵城市建设改造，该小区增加透水铺装面积达10176.66m^2。新建沥青混凝土面积4516.03m^2。生态停车场面积2215.5m^2。下沉式绿地面积3027.96m^2。

图3-37　雨水花园（白城海绵办供图）

图3-38　花团锦簇的小区植物
（白城海绵办供图）

图3-39 社区水池（白城海绵办供图）

图3-40 红叶小区改造后的实效（白城海绵办供图）

3.1.9 新区中学雨水综合利用示范工程

新区中学位于丽江路北侧，西临纵八路（图3-41）。学校东西平均长288m，南北宽265m，总面积76506m²，绿化面积18039m²，其中40%为下沉式绿地。校区海绵化改造过程中，主要采取了"渗、滞、蓄、净、用、排"的技术措施，形成了一套完整的雨水收集、存储、净化、利用的循环体系（图3-42~图3-44）。具体而言，首先通过雨水管线连接雨水花园、植草沟等雨水设施，将雨水收集分别进入东西两个储水池。储水池设置有渗滤净化系统，净化后的雨水可用于整个校区的绿化灌溉。超标雨水通过储水池里的溢流口，进入市政雨水管线。校区85%的年径流总量控制率对应的设计降雨量为24.6mm，而项目实际设计降雨量为28.02mm。经过海绵化改造后的校区，不仅完全满足海绵城市建设的各项指标要求，而且有效缓解了下游市政管网的压力，成为雨水综合利用的示范工程。

图3-41 新区中学全景图（白城海绵办供图）

图3-42 生态植草沟（杨梦晗 摄）   图3-43 土壤渗滤系统（杨梦晗 摄）

图3-44　新区中学下沉式绿地实景（杨梦晗　摄）

138

中国海绵城市建设
创新实践系列

中国北方寒冷缺水地区
"海绵"典范
——吉林白城海绵城市
建设实践路径

3.2

道路类

3.2.1　横五路海绵型道路及行泄通道工程

横五路工程项目位于白城新城区，是白城市生态新城区道路路网规划的重要组成部分，也是连接新城区东西方向的次干道（图3-45）。新建的横五路东起纵十三路，西至幸福街，其中段与南北主干道长庆南街相交。

该区域在2015年被列入白城市海绵城市示范区后，以海绵城市建设为契机，解决白城市透水铺装冻融损害、融雪剂损害植物、平原地形选取既有道路作为超标雨水行泄通道的主要问题，为北方及其他地区海绵城市建设提供借鉴。

横五路总占地面积为8045.65m²，沥青路面面积为4607.92m²，透水人行铺装面积为2136.37m²，非透水铺装面积为567.07m²，绿化面积为630.28m²，渗水渠面积为104m²。雨水设施主要有生物滞留带和人行道透水铺装，生物滞留带由道路绿化带改造而成，每个生物滞留带单元2m宽、8m长，生物滞留带之间设置2m宽的人行过道，人行道透水铺装宽5m。采用融雪剂自动弃流和抗冻融透水铺装的设计方案。

图3-45　横五路项目位置图

3.2.2　家园路海绵化改造项目

　　家园路海绵化改造项目为白城市保障性安居配套基础设施建设项目中的一部分，位于白城老城区南部，紧邻经济开发区和工业园区，实际范围为幸福南街至长庆南街（图3-46~图3-50）。道路规划为城市支路，规划红线为18m宽，道路全长1064m。家园路沿线主要与纵七路、纵八路，长庆南街交会，与各条道路交叉口均采用平交道口，是连接区域内主干道的重要枢纽。采用了透水铺装、生物滞留带、雨水花园及绿化栽植等多种海绵化元素，道路两侧绿化带全部采用下沉式绿地，排水均为自然散排，达到雨水收集再利用的效果。项目透水砖铺砌3528m²，设置生态组合树池150个，种植乔木800株、灌木及花卉1943m²。

图3-46　改造完工的家园路实景（杨梦晗 摄）

图3-47　改造完工的家园路实效（杨梦晗 摄）

图3-48　家园路组合树池实景（杨梦晗 摄）

140

中国海绵城市建设
创新实践系列

中国北方寒冷缺水地区
"海绵"典范
——吉林白城海绵城市
建设实践路径

图3-49 家园路组合树池雨水溢流口（杨梦晗 摄）

图3-50 海绵化的生物隔离带宛若给冷硬的马路系上了一件绿色的绸缎（杨梦晗 摄）

3.3

行泄通道及延时调节类

3.3.1 纵十三路

纵十三路为地表径流行泄通道工程。纵十三路起点为横五路，终点为规划一河（图3-51）。其平面布置为道路两层22m范围内包含人行道铺装，排水沟、绿化种植。其中排水通道绿化种植26556m²，铺装6198m²。小桥2座，排水通道1520m，其余雨水综合利用示范工程的铺装工程包含绿化种植1500m²、硬化铺装3309m²。其功能为收集道路雨水对绿化进行灌溉，多余雨水通过排水通道排往规划一河。作为生态新区超标雨水径流行泄通道的城市道路，其断面及竖向设计满足相应的设计要求，并与上游调蓄水体、下游河道区域整体内涝防治系统相衔接。结合现状地形地貌、道路坡度以及周围的道路绿化空间，在雨量大时协同原有道路雨水管网提高排水能力（图3-52~图3-57）。

图3-51　纵十三路项目位置图

142

中国海绵城市建设
创新实践系列

中国北方寒冷缺水地区
"海绵"典范
——吉林白城海绵城市
建设实践路径

图3-52　大排水通道（杨梦晗 摄）

图3-53　道路行泄通道实景（杨梦晗 摄）

图3-54　纵十三路大排水通道实景（杨梦晗 摄）

	重现期	设计暴雨强度 (L/s/hm²)
内涝防治标准 P=20年	20年	327
	15年	309
	10年	284
	5年	241
	3年	209
	2年	184
管网设计标准 P=1年	1年	149

道路大排水设计标准?

I 道路≠ 总-I 管网=327-149=178

道路大排水设计标准P=2年

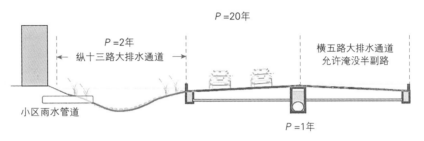

图3-55 纵十三路地表行泄通道——水文计算（白城海绵办供图）

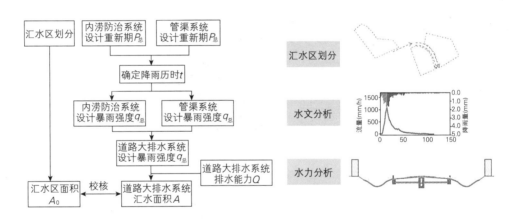

图3-56 纵十三路地表行泄通道——设计流程（白城海绵办供图）

生态沟渠可使片区内涝防治标准提高至20年一遇。在20年一遇24h的降雨情境下，模拟有无蓄排系统时的内涝风险区域，结果如图3-58、图3-59所示。两者相比，生态新区内高风险区域在湿地公园、纵八路、纵十三路行泄通道的蓄排作用下，得到有效消除和缓解。

3.3.2 辽北路与红旗街积水点改造

该工程位于白城市洮北区，设计范围为辽北路与红旗街积水点，道路一侧前置塘及渗透塘设计。工程建设包括清淤通道，前置塘1个、渗透塘1个，0.5m宽毛石挡墙67.5m，2m宽人行道4.5m，2m宽花岗石条石台阶12m，路缘石18m，石笼溢流堰1组。种植苗木主要品种为

图3-57 纵十三路行泄通道实景

图3-58 无蓄排方案情境下片
区内涝风险图（20年一遇）

图3-59　有蓄排方案情境下片区内涝风险图（20年一遇）

图3-60　经过沉淀过滤净化后的情景（白城海绵办供图）

马莲及千屈菜杂植，两种植被的杂植比为1：1，种植密度60%。新建排水管68m，平算式三算雨水口2座，矩形溢流井1座。

该项目的主要功能是对上游小区超标雨水的调蓄和解决辽北路积水点问题，汇水面积13.2hm²，延时调节塘可实现设计降雨量20.5mm降雨的延时排放（排空时间24h），有效削减SS，实现立交桥排水标准由1年一遇提高到5年一遇（图3-60~图3-62）。经过了2016年6月20日4h降雨量42mm暴雨（接近3年一遇）的检验，效果显著。

146

中国海绵城市建设
创新实践系列

中国北方寒冷缺水地区
"海绵"典范
——吉林白城海绵城市
建设实践路径

图3-61　内部循环系统布置
情景（白城海绵办供图）

图3-62　雨后情景（白城海绵
办供图）

3.4

河湖水系类

3.4.1　鹤鸣湖多功能调蓄水体工程

鹤鸣湖水域面积45.58hm^2，容积91.8万m^3，常水位147.3m，20年一遇水位148m。北侧为东海路，南侧为图乌路，西临纵十七路，东接南九街（图3-63）。该项目属于综合性雨水控制的示范项目，在推进海绵城市在白城生态新区的建设实施、保障水环境、节约水资源、提升防洪排涝水平等方面具有重要意义。

鹤鸣湖多功能调蓄水体工程基于鹤鸣湖片区存在的问题和海绵城市专项规划目标构建建设方案。

片区现状：鹤鸣湖排水分区内现状路网已形成，已建成碧桂园片区、科文中心，其余地块均未开发。

片区问题：湖体流动性差，径流污染控制不足，其水质恶化风险大；鹤鸣湖雨水排口均为淹没出流，东侧碧桂园片区存在一定的内涝风险问题。

片区建设方案：基于鹤鸣湖水环境容量的污染物削减分析制定源头减排指标，按照"源头减排、过程控制、系统治理"构建建设方案（图3-64）。

图3-63　鹤鸣湖区域位置图

148

中国海绵城市建设
创新实践系列

中国北方寒冷缺水地区
"海绵"典范
——吉林白城海绵城市
建设实践路径

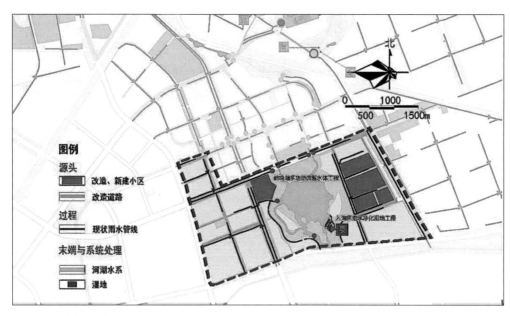

图3-64 鹤鸣湖片区建设方案

鹤鸣湖多功能调蓄水体工程建设内容主要包括：生态驳岸、植草沟、雨水花园、淮河路雨水泵站、人工湿地、生态浮岛等。

鹤鸣湖绿地内设置植草沟、雨水花园、生态驳岸对园内硬化铺装径流雨水进行滞蓄、净化；淮河路雨水泵站主要提升鹤鸣湖东侧碧桂园的雨水排放能力，泵站出水经过前置塘处理后通过人工湿地净化入湖，通过雨水收集、调蓄和综合利用，提高对雨水的利用率，防止区域内涝；湖体内建造生态浮岛并利用现状闸泵的调度，构建鹤鸣湖小范围内的水循环体系，提升水体自净能力，达到"活水保质、湿地促净"的海绵城市建设要求（图3-65）。工程的实施实现了生态自我平衡和补偿，降低对外界生态环境的依赖和破坏，实现区域的良性循环和发展（图3-66~图3-70）。

白城海绵城市建设之前鹤鸣湖属于地表水V类水，海绵城市建设完成后达到《地表水环境质量标准》IV类标准。

在20年一遇24h降雨情境下，

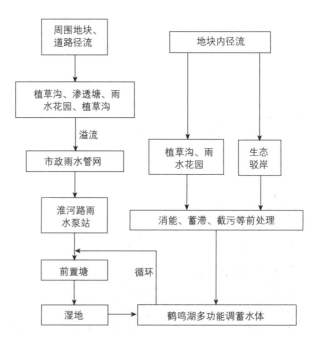

图3-65 低影响开发雨水系统技术路线图

模拟片区建设后的内涝风险区（低风险：积水深度＞0.15m，积水时间＞0.5h。高风险：积水深度＞0.30m，积水时间＞1.0h）。通过模拟分析，高、低风险区的淹没面积分别为12.9hm²和7.4hm²。与建设前，中心城区高风险区域减少比例达到66.8%。

图3-66 鹤鸣湖调蓄水体

图3-67 鹤鸣湖水景观

150

中国海绵城市建设
创新实践系列

中国北方寒冷缺水地区
"海绵"典范
——吉林白城海绵城市
建设实践路径

图3-68 前置塘

图3-69 生态驳岸

图3-70 植草沟

附录

152

中国海绵城市建设
创新实践系列

中国北方寒冷缺水地区
"海绵"典范
——吉林白城海绵城市
建设实践路径

附录A

白城市海绵城市建设系统化实施方案

A1 现状与问题分析

详见正文2.1节。

A2 建设目标

详见正文2.2节。

A3 中心城区海绵城市建设系统方案

A3.1 技术方案比选

A3.1.1 老城区管渠系统排水能力提升方案比选

老城区现状管网建设年代久远，排水能力远远不足，为提高老城区排水标准，结合老城区改造，在同样本底条件下，制定不同技术方案，根据对地块、道路、管网改造费用、运营维护费用等进行测算，同时对技术可行性、改造难度和其他方面效益等进行评估，得出老城区提升管渠系统排水能力的最优方案。

方案一：传统建设模式，管渠系统提标改造（附图A-1）

传统建设模式结合旧城改造，按2年一遇雨水管网进行敷设，以南干渠排水分区所有管网进行改造，同时设置雨水泵站。

方案二：LID+不改造管网（附图A-2）

结合旧城改造，对源头地块、道路进行LID改造，管网维持现状。通过源头LID改造实现2年一遇排水标准（附图A-5）。

方案三：LID+部分管网改造（附图A-3、附图A-4）

海绵城市建设模式结合旧城改造，进行小区、道路海绵改造，部分管网提标改造，并设置延时调节、雨水泵站等过程控制工程，达到排水能力2年一遇（附图A-6、附表A-1）。

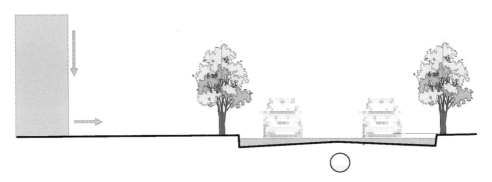

附图A-1　管网改造方案示意图

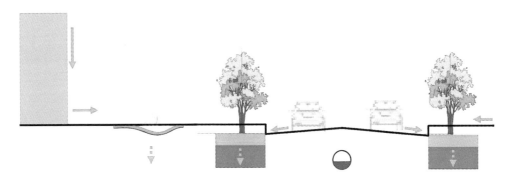

附图A-2　源头LID改造方案示意图

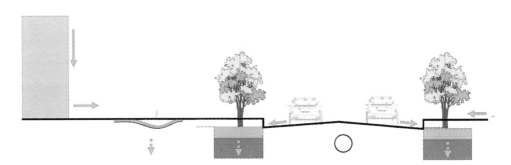

附图A-3　源头LID改造+管网改造方案示意图

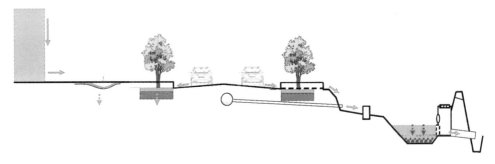

附图A-4　源头LID改造+过程延时调节方案示意图

154

中国海绵城市建设
创新实践系列

中国北方寒冷缺水地区
"海绵"典范
——吉林白城海绵城市
建设实践路径

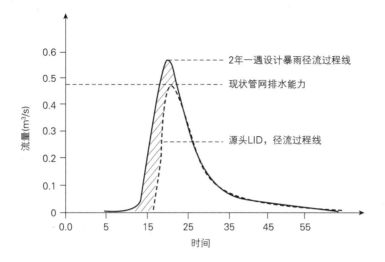

附图A-5　源头改造技术方案

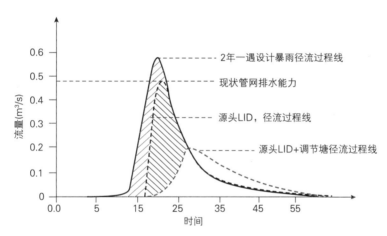

附图A-6　源头LID+调节塘技术方案

不同技术方案实现途径 　　　　　　　　　　　　　　　　　　　　　　附表A-1

技术方案	源头	过程	系统治理
方案一	硬质铺装+传统绿地	全部管网改造	—
方案二	LID设施（透水铺装、雨水花园等）	管网维持现状	—
方案三	LID设施（透水铺装、雨水花园等）	部分管网改造+延时调节塘	末端天鹅湖湿地

1．经济比较

对3种方案的建设费用、运营维护费用进行测算，建设期以3年计，运营维护期以14年计。根据白城当地情况统计单项设施建设费用与运行维护费用如附图A-7、附图A-8所示，以此测算不同技术方案建设与运维费用，见附表A-2、附图A-9。

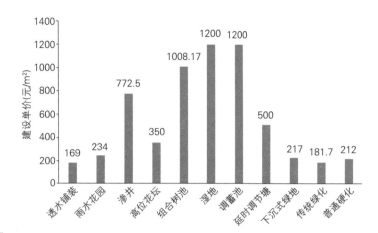

附图A-7　单项设施建设费用

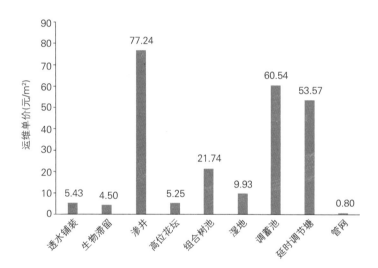

附图A-8　单项设施维护费用

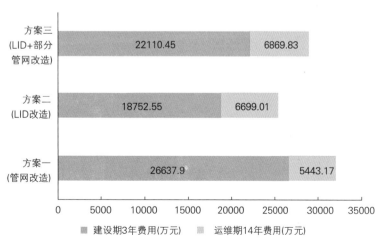

附图A-9　不同方案建设及运维费用比较

不同技术方案投资测算   附表A-2

| 方案 | 建设期投资测算（3年）（万元） | | | | | 运维期投资测算（14年）（万元） | | | | | |
	源头改造	雨水管网改造	湿地	泵站	小计	源头改造运维费用	雨水管道运维费用	泵站运维费用	调蓄池运维费用	湿地运维费用	小计
方案一	17814.65	7388.25	—	1435	26637.9	5285.5	91.17	66.5	—	—	5443.17
方案二	18175.11	—	577.44	—	18752.55	6384.5	—	—	247.59	66.92	6699.01
方案三	18175.11	1922.9	577.44	1435	22110.45	6384.5	104.32	66.5	247.59	66.92	6869.83

2. 管网排水能力效果评估

通过模型模拟，根据考核目标，分别对现状、方案二和方案三在2年一遇3h的降雨情境下进行一维模型模拟，分析三者的管网排水能力。同样以管网的超负荷状态量化统计管网排水能力。在管网非满流的状态下，管段的充满度小于1；当管段满管后，管道上/下游端的水位已经达到管道高度的上限，同时水力坡度不大于管段坡度，此时管段超负荷，负荷状态为1，说明下游管道过流能力偏小；当管段满管后，管道上/下游端水位大于管道深度，同时水力坡度大于管段坡度，此时管段超负荷，负荷状态为2，说明上游管道过流能力偏小。

模拟结果显示：鉴于老城区管网建设年代久远，管网排水能力远未达到2年一遇，故在2年一遇3h降雨情境下，方案二和方案三效果进行对比（附图A-10、附图A-11），整体管网排水能力仍为方案三＞方案二＞现状。不同超负荷状态下管网长度占比统计结果如附图A-12所示。

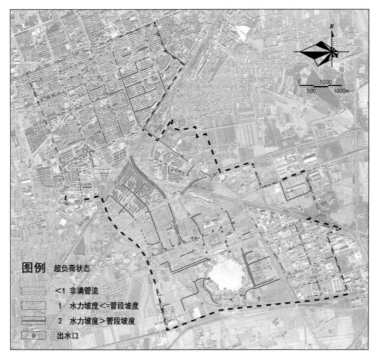

附图A-10 方案二管网排水能力（2年一遇3h）

附图A-11 方案三管网排水
能力（2年一遇3h）

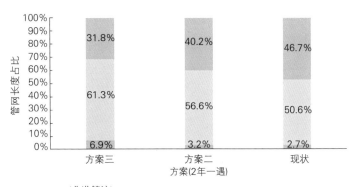

附图A-12 2年一遇3h降雨
情境下三种方案管网排水能力

除经济指标外，还需综合考虑项目示范显示度、改造难易程度以及径流污染控制效率等
重要方面。根据考核目标，在同一考核目标下，源头海绵改造加管网改造的费用与市政直接
排水管网提标改造以及后期运维管理成本进行比较，得出前者更为经济合理。结合上述考
量，方案三为优选方案（附表A-3）。

方案综合评估表 附表A-3

对比项	方案一	方案二	方案三
建设成本（万元）	26637.9	18752	22110
维护成本（万元/年）	389	478	490
显示度	一般	一般	强

续表

对比项	方案一	方案二	方案三
改造难易度	难	适中	适中
水资源利用率	无	一般	高
管网提标贡献	一般	一般	较好
积水点消除程度	差	适中	强
径流污染控制效率	极弱	适中	高

A3.1.2　生态新区内涝防治蓄排能力提升方案比选

基于生态新区问题及目标导向，生态新区内涝防治标准为20年一遇。新区目前道路已完成，部分地块未开发，一是管网排口位于河道水面以下，淹没出流导致排水不畅，二是雨水未经任何处理直接排入规划一河，对规划一河水体水质产生破坏。因此根据生态新区道路竖向和内涝风险评估，为提高生态新区应对内涝风险能力，提出比选方案，并对预测结果进行评估。

方案一：传统防护绿地建设，不消纳周边客水（附图A-13）。

方案二：结合新区竖向、水系等，构建了纵八路、横五路道路路面及纵十三路生态沟渠过程管控工程，与公园调蓄水体、规划一河竖向合理衔接（附图A-14）。

两种方案进行经济对比，建设费用见附表A-4和附图A-15。

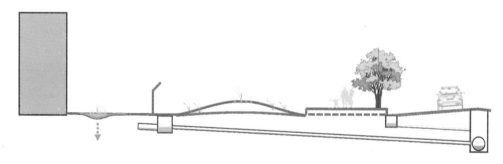

附图A-13　方案一设计示意图

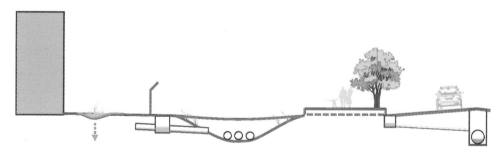

附图A-14　方案二设计示意图

技术方案经济比较   附表A-4

道路名称	方案一建设费用（万元）	方案二建设费用（万元）	净增成本（万元）
纵八路	307.62	428.65	121.03
纵十三路	166.28	252.98	86.7

    生态沟渠建设费用虽高于传统高绿地建设模式，但其带来的其他方面效益不容忽视，生态沟渠可使片区内涝防治标准提高至20年一遇，传统绿地并不发挥渗排功能。在20年一遇24h的降雨情境下，模拟有无蓄排系统时的内涝风险区域，结果如附图A-16、附图A-17所示。两者相比，生态新区内高风险区域在湿地公园、纵八路、纵十三路行泄通道的蓄排作用下，得到有效消除和缓解。

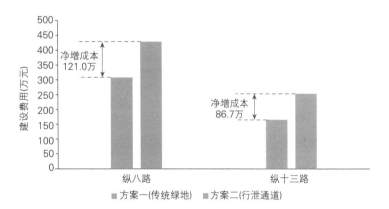

附图A-15 不同技术方案投资比较

附图A-16 改造管网+LID+无蓄排方案情境下R排水片区内涝风险图（20年一遇）

160

中国海绵城市建设
创新实践系列

中国北方寒冷缺水地区
"海绵"典范
——吉林白城海绵城市
建设实践路径

图例

低风险区域（积水深度＞0.15m，积水时间＞0.5h）

高风险区域（积水深度＞0.30m，积水时间＞1h）

附图A-17 改造管网+LID+
蓄排方案情境下R排水片区内
涝风险图（20年一遇）

A3.1.3 鹤鸣湖生态补水方案比选

鹤鸣湖为白城市最主要的水体，占地面积93.73hm²，水体面积45.58hm²，容积91.8万m³，常水位147.3m，20年一遇水位148m，最深处水深3.5m，湖底标高143.8，平均水深2m。

鹤鸣湖调蓄水体补水和公园绿化用水现状主要水源为雨水、洮儿河灌渠补水，规划利用再生水及"引嫩入白"进行补水，因此，为保证水体足够的补水量，根据白城市海绵城市试点区控制性详细规划中对鹤鸣湖排水分区的总量控制指标，综合已实施的碧桂园片区、市政道路，鹤鸣湖排水分区的年径流总量控制率加权平均计算约为70%，对应设计降雨量14.8mm。

全年逐月水量平衡分析计算结合周边道路、上下游雨水管渠系统、大排水系统的竖向条件，根据现状水面面积、常水位、溢流水位，通过计算逐月雨水径流来水量（需扣除源头月均减排量）、水面蒸发量、绿化用水量、水体漏损量、补水量、外排水量，逐月降雨量和蒸发量计算数据如附图A-18所示。鹤鸣湖水体已建成，为保证鹤鸣湖水体景观，按照最大程度回用雨水、减少水体补水的原则，以满足鹤鸣湖常水位要求，经试算得出鹤鸣湖除需雨水径流补给外，仍需额外补水。

根据白城地区气候条件，以4月初一次性补水至常水位为初始条件，在现有规划方案下计算分析结果，每月末的水位变化如附图A-19所示。

分析可知，在保证鹤鸣湖水体常水位147.3m外，同时还需满足20年一遇水体调蓄能力，雨水年均进入鹤鸣湖的径流量加上鹤鸣湖自身产流量约为36.27万m³，鹤鸣湖全年蒸发量、渗漏量及绿化用水量约为214.29万m³，则鹤鸣湖全年需补水量约为178.01万m³。

根据上述分析及现状情况，提出两种补水方案进行比选。

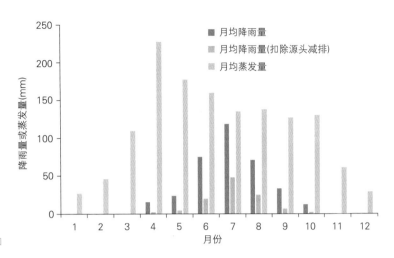

附图A-18 逐月降雨量和
蒸发量计算

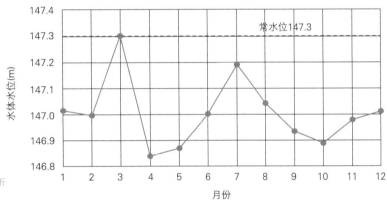

附图A-19 水量平衡分析
月末水位（径流雨水补水）

方案一：雨水+再生水回补鹤鸣湖水体。

白城市目前污水处理厂已完成提标改造，具备2万t/d的再生水供应能力，出水水质达到一级A标准，目前，白城热电厂再生水需求量约为1万t/d，剩余1万t/d的再生水可回补鹤鸣湖。沿丽江路修建再生水管，接入新区湿地公园，经湿地公园内再生水人工湿地处理后，经山地公园，经纵十三路大排水通道、规划一河，流入鹤鸣湖。每年再生水补水价格为302.6万元，加上增设再生水管线费用为164万元，湿地公园湿地改造为再生水湿地，再生水湿地按再生水量10000t/d计算，人工湿地面积为10000m²，湿地费用为400万元，合计846.6万元（附表A-5）。

再生水补水产生费用 附表A-5

内容	工程量	单价	总投资（万元）
再生水费用	178.01万m³	1.7元/m³	302.6
再生水管线DN400	4.6km	400元/m	164
湿地（含防渗毯防渗）	10000m²	400元/m²	400
合计			846.6

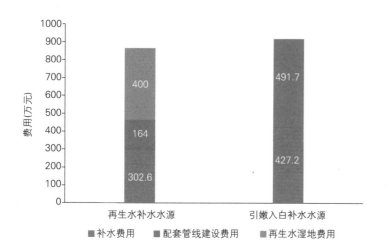

方案二：雨水+引嫩入白外调水回补鹤鸣湖。

白城市"引嫩入白"工程地表水引水量为3.2亿m³，主要用于白城市水厂用水和工业园区用水。目前管道已修至鹤鸣湖周边，可利用外调水回补鹤鸣湖。每年引嫩入白外调水价格为427.2万元，增设DN600补水管线5.5km，管线费用491.7万元，合计918.9万元。

两种方案经济对比如附图A-20所示。利用再生水补水，相对引嫩入白供水更为经济合理。

A3.2　目标可达性分析

A3.2.1　径流总量控制提高雨水资源利用能力

基于中心城区水资源供需平衡分析可知，至2020年中心城区水资源缺口为1.6万m³/d。因此，通过海绵城市建设，计算每年雨水收集净化并用于道路浇洒、园林绿地灌溉、市政杂用、工农业生产、冷却、景观、河道补水等的雨水总量，年径流总量控制率为80%时，雨水资源回用量为1204.5万m³，雨水资源利用率达到25.4%；同时2万t/d的再生水除用于工业外还将用于鹤鸣湖生态补水，再生水利用率达到76.9%。通过非常规水资源的利用可实现中心城区水资源供大于需。

A3.2.2　径流总量控制提升老城区管渠排水能力

低影响开发设施受降雨频率与雨型、低影响开发设施建设与维护管理条件等因素的影响，一般对中、小降雨事件的峰值削减效果较好，对特大暴雨事件，也可起到一定的错峰、延峰作用。根据白城市内涝风险情况分析，建成区内存在内涝风险，且管线重现期符合标准的比例相对较低，现状管网基本不能满足0.33年一遇排水能力。白城市低影响开发雨水系统作为城市内涝防治系统的重要组成，进一步提高白城市建成区排涝能力，提高现状管线重现期，建立从源头到末端的全过程雨水控制与管理体系，共同达到内涝防治要求。因此，间接可提高部分管网排水能力至1~2年一遇。海绵建设区域整体年径流总量率目标为80%，通过模型模拟结果，源头海绵设施加上现有排水管网系统，可综合提升片区排水能力达到2年一遇的标准。

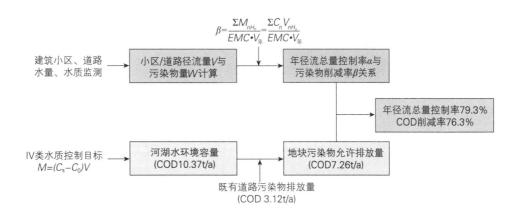

附图A-21　水环境保障技术方案

A3.2.3　径流总量控制削减径流污染总量，保障鹤鸣湖水质

由于场地内的污染物易随雨水径流排放到不同的区域、受纳水体等。因此控制了一定的径流外排量，即控制了一定的污染物排放量，年径流总量控制率与污染控制目标存在密切的相关关系。基于鹤鸣湖水环境容量，得出地块、道路允许排放的径流污染物量，由此推求总量控制目标与污染控制目标（附图A-21）。

1．年径流总量控制率与污染物去除率关系

详见正文2.5.2节。

2．基于鹤鸣湖环境容量的目标可达性

详见正文2.5.2节。

A3.2.4　"源头+末端"削减老城区分流制雨污混接截流溢流频次

见正文2.4.1节"2．年径流总量控制率目标确定""3）水环境角度"。

A3.3　排水分区

基于中心城区雨水排水现状、地形条件、道路规划和城市与自然水体的关系进行雨水排水分区。中心城区分为规划绕城北干渠排水分区、北干渠排水分区、规划绕城西干渠排水分区、南干渠排水分区、规划一河排水分区、鹤鸣湖排水分区、规划绕城东干渠排水分区、规划四河排水分区（见正文2.3.1节图2-39）。各分区汇水面积、排水体制、雨水排口位置基本情况参见表2-15。

A3.4　技术路径

基于雨水资源化渗蓄技术的多功能雨水调蓄技术体系与方案，白城市海绵城市建设从目标及问题导向出发，坚持以水资源综合利用为总体目标，以老城区人居环境提升、积水点消除、新城区水环境保障为导向，融合"旧城改造"，紧抓源头减排，突出渗滞结合，做好留水文章；构建延时调节、多功能调蓄、地表径流行泄通道等排涝除险关键工程体系及雨季雨污混接截流溢流污染控制、尾水湿地再生回用，解决老城区积水、新城区水环境保障与排险除涝标准达标问题，创新融雪剂渗滤弃流技术、透水铺装抗冻融技术，使海绵城市适应北方高寒地区气候特点；建设"源头减排系统、排水管渠系统、排涝除险系统以及应急管理"综

164

中国海绵城市建设
创新实践系列

中国北方寒冷缺水地区
"海绵"典范
——吉林白城海绵城市
建设实践路径

合系统，实现源头减排、过程控制、系统治理，全面推进海绵建设，改善民生，提升城市生态环境（附图A-22）。

A3.4.1　源头减排

白城市中心城区海绵城市建设在场地开发过程中落实低影响开发理念，采用源头生态设施构建源头径流控制系统，突出渗滞结合，最大程度维持场地开发前后水文循环特征不变。充分利用地块、道路内源头生态设施减少场地雨水外排，从而缓解市政管网的排水压力和内涝风险，降低老城区雨季雨污混接溢流次数，有效控制径流污染。建筑与小区以雨水入渗为主；道路以雨水渗滤净化为主，透水型人行道铺装应防冻融，生物滞留设施应根据融雪剂使用情况采取自动弃流措施。地块生态设施、雨水管渠、集中渗蓄设施竖向应衔接顺畅；道路生物滞留设施、市政雨水管渠应衔接顺畅。

A3.4.2　过程控制

过程控制工程主要针对现状排水管渠进行修复和改造，新建雨水管道、暗渠、径流行泄通道、延时调节等一系列措施。老城区对城市主干道进行翻修的同时，对相应市政管网进行提标改造，排查雨污混接情况及管道清淤，并构建多处雨水调蓄公园、延时调节塘等对积水点进行针对性整治；新城区要求严格按照新的标准进行系统设计，做好城市排水管渠系统与源头减排系统、排涝除险系统的衔接，构建道路径流行泄通道、多功能调蓄公园等关键过程管控工程体系，综合提高城市排水管渠系统标准，达到在发生城市雨水管渠设计重现及以内的降雨时，城市道路路面不出现积水现象，即"小雨不积水"。

A3.4.3　系统治理

1．排涝除险

排水防涝是海绵城市建设的重要内容，白城市中心城区海绵城市建设通过合理划定内涝内涝防治汇水分区，充分利用既有道路竖向，衔接河道洪水位，规划出了湿地公园、山地公园多功能调蓄水体、鹤鸣湖多功能调蓄水体，纵八路、横五路、纵十三路道路径流行泄通道、规划一、二、三等排涝除险工程，并综合通过周边地块、道路竖向及地表径流行泄通道的规划管控，构建了"蓄排结合、衔接顺畅"的城市排涝除险工程体系。

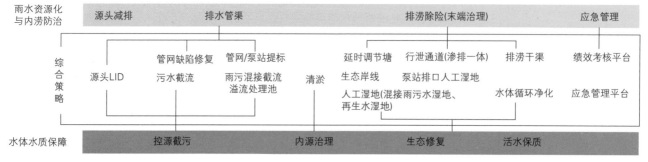

附图A-22　中心城区总体建设方案

2．雨季雨污混接截流溢流污染控制

针对部分污水混接问题，综合考量源头治理的难度、成本和效果，制定了针对混接污水末端截流、调蓄的分期整治方案。

3．尾水湿地处理与回用

污水处理厂已具备2万t/d的再生水供应能力，目前，白城热电厂再生水需求量约为1万t/d，剩余1万t的再生水补充新区鹤鸣湖及河道生态用水。

A3.5 "海绵+旧城"同步实施

白城市海绵城市建设结合城市更新、城市修补，海绵城市+旧城改造同步实施，在原定22km²海绵城市建设试点区域面积的基础上，又将老城区新增16km²作为海绵城市建设扩容区，同步实施改造，到2020年，改造面积将占中心城区建成区总面积的69%（附图A-23）。

附图A-23　白城市海绵城市试点区与扩容区项目工程布局图

A4　核心区海绵城市建设系统方案

A4.1　排水分区划分

见正文2.3.1节。

A4.2　总体技术方案

1．目标导向：白城市海绵城市建设的总体目标是非常规水资源综合利用

白城市干旱缺水，水资源短缺。中心城区所在的洮北区，现状居民生活用水、服务业用水、生态用水全部为地下水，农业和工业用水中，地下水用水量也分别达到了83%和63%，总用水量中，地下水合计占比达到83%，江河引水占比为17%，其中，地下水严重超采已导致漏斗区的形成。

此外，非常规水资源利用量很低。现状再生水厂已建成，初步具备每天2万t的再生水供应能力，按照排水规划，再生水主要作为工业用水，而现状工业用水需求仍较小，急需统筹协调生态用水需求。

2．问题导向：老城区管网管理系统缺失，积水严重，新城区水环境问题突出，排水防涝标准达标难度大

白城市市政道路坑洼不平，部分路段积水严重，分析白城市道路积水的原因：一是由于白城风沙较大，裸土路面较多，水土流失导致地下雨水管网淤积严重，多年来对地下管网疏于管理；二是小区基本无雨水管线，部分小区逢雨必涝，且小区雨水大量汇入市政道路，加大了路面排水的压力；三是白城市地形平坦，排水条件先天不足。目前老城区老城区历史积水点共有14处。

对于生态新区，现状河湖水系、路网已经形成，由于地形平坦，为满足规范要求的排水管网坡度，新区所有雨水管网排口均为淹没出流，导致管网排水不畅，模型模拟结果表明，局部地区内涝风险较为严重，实现20年一遇的内涝防治设计重现期标准难度较大。此外，由于淹没出流，末端滨水空间不足，导致径流污染控制难度大，且由于水动力不足，随着新区开发不断开发，新区河湖水系水质难以保障。

3．技术方案

在排水分区基础上，按照源头减排、过程控制、系统治理的思路，进一步明确问题、目标导向，制定核心区海绵城市建设建设系统方案。技术路径如附图A-24所示。

A4.3　建设方案

白城海绵城市建设通过源头减排、过程控制、系统治理，实现涵养水资源目标，并支撑水环境和水安全问题的解决，项目主要包含：源头减排项目、管网项目、综合调蓄利用项目、径流行泄通道项目、雨污混接截流溢流污染处理池、水系生态修复与湿地截污项目。试点区海绵城市建设项目工程布局参见图2-44。

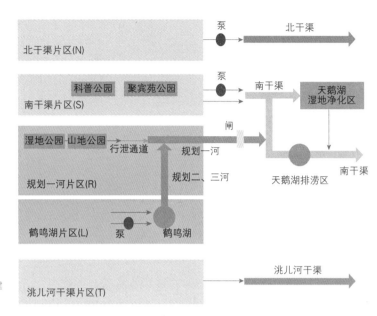

附图A-24　核心区海绵城市建设技术方案图

A4.3.1　源头减排

在老城区，充分利用良好的入渗条件，源头减排采用经济、高效的生态设施实现雨水回补地下水，绿地空间不足的，则通过污染去除能力较高的吸附渗井实现雨水减排，共将118个小区进行生态化改造，形成多个海绵街区，连片效应明显，大大缓解了市政管网的排水压力，实现建筑与小区优质雨水回补地下水，并大大提升了居住环境。将老城区所有市政道路的行道树绿化带进行打通下沉，实现人行步道以及沿街楼屋面雨水的就地消纳，并选择有条件的道路，通过组合树池建设，实现机动车道雨水的渗滤净化，有效削减道路径流污染，其余机动车道径流雨水也通过下游末端天河湖人工湿地得以净化。

在新城区，通过规划管控，对所有地块开发、开放空间，均提出了总量控制指标要求、污染控制指标。对既有路网，均进行了海绵化改造，并创新道路断面设计，采用了多种形式的带有停车功能的海绵绿带的设计。

同时对工业园区提出规划管控要求及设计指引，严格把控未来进驻厂区满足海绵城市规划设计要求。

试点区源头径流控制方案如附图A-25所示。

A4.3.2　过程控制

在老城区，结合道路翻新改造，对部分淤堵严重、标准过低的市政管网进行翻新，结合白城市海绵城市建设老城区积水综合整治与水环境综合保障PPP项目，对城区雨水管渠系统进行缺陷修复治理，对管道连通性和淤堵情况进行CCTV定期监测，并进行修复和清淤；充分利用科普公园、聚宾苑街头绿地、红旗街立交桥延时调节塘等公园绿地消纳周边地块、道路径流，实现雨水集中调蓄利用。

在新城区，对于已实施的碧桂园片区、新城家园棚改片区，分别通过末端湿地公园、鹤

168

中国海绵城市建设
创新实践系列

中国北方寒冷缺水地区
"海绵"典范
——吉林白城海绵城市
建设实践路径

附图A-25 试点区源头径流控制
系统图

鸣湖进行集中雨水净化入渗和调蓄利用，采用绿色基础设施构建道路行泄通道。

过程控制方案如附图A-26所示。

A4.3.3 系统治理

1. 雨污混接截流溢流污染控制

老城区排水体制虽为雨污分流制，但雨污混接严重，源头彻底治理难度大，短期内难以实现，目前已在胜利路主干管、南干渠实施部分混接污水截流，实现旱季污水无直排。为解决雨期雨污水直排问题，规划在排水干渠末端建设小型雨污水处理池，新建截污干管，非降雨期污水及降雨初期雨水应尽量尽快自流排入邻近截污干管，处理站通过格栅、颗粒分离器等处理设备，对雨污水进行预处理，通过处理池处理后的雨污水进入天河湖人工湿地进行深度净化后排放。

2. 排涝除险

新城区，为实现高风险区域的20年一遇内涝防治标准，充分利用既有道路竖向，衔接河道洪水位，建设了山地公园多功能调蓄水体，横五路、纵十三路道路径流行泄通道等排涝除险工程，并综合通过周边地块竖向管控，达到了内涝防治设计目标。

3. 水系修复与湿地截污

新区主要污染源为径流污染。目前，鹤鸣湖为白城市最大水体，是市民游玩的重要去处。目前水源除雨水外，主要为来自洮儿河灌渠的外调水，且由于湖体流动性差，径流污染控制不足，随着新区开发，其水质恶化风险大。如前所述，新区所有道路均进行了海绵化改造，结合地块

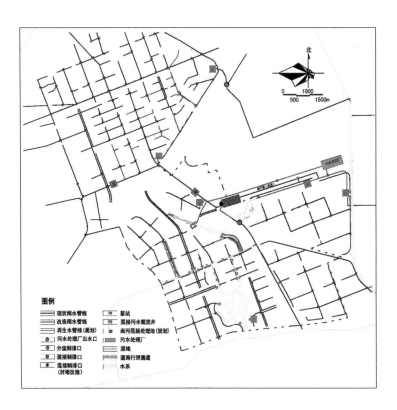

附图A-26 过程控制方案图

规划管控及末端入湖口雨水净化湿地的建设，以及湖体生态修复提升工程，有效削减径流污染。

通过方案比选，规划利用再生水作为鹤鸣湖补水水源，由沿丽江路修建再生水管，接入新区湿地公园，经湿地公园内再生水人工湿地处理后，经山地公园，经纵十三路大排水通道、规划一河，流入鹤鸣湖。

新区河道基本采用了生态岸线，鹤鸣湖也大量使用生态驳岸，种植大量水生植物，可有效构建动植物群落，提升水体自净能力。通过再生水湿地补水及循环净化湿地，有助于改善河湖水动力，有利于保障水体水质。

系统治理方案如附图A-27所示。

A4.4 监测方案

见正文2.8.2节"3.信息化平台"。

A5 片区建设案例

A5.1 南干渠排水分区建设方案

A5.1.1 建设情况及主要问题

南干渠排水分区（S）主要为老城区，是白城市海绵城市建设老城区积水点综合整治PPP项目的重点实施区域。小区基本无雨水管线，多为地表漫流，无组织汇入市政道路，加大了路面排水的压力。排水体制虽为雨污分流，但存在较严重的雨污混接现象。同时地下管网淤积严

170

中国海绵城市建设
创新实践系列

中国北方寒冷缺水地区
"海绵"典范
——吉林白城海绵城市
建设实践路径

附图A-27 系统治理方案图

重，对地下管网疏于管理。区域内雨水主要经金辉街、胜利路、辽北路雨水干管排往下游南干渠，虽然片区下游胜利路主干管、南干渠已进行部分截流，但雨污混接溢流污染仍不可忽视。

A5.1.2 建设方案

针对现状情况，综合源头减排、过程控制、系统治理构建排水分区建设方案。对源头118个老旧小区进行海绵化改造，绿地空间和排空时间不足的，则通过污染去除能力较高的生态渗井实现雨水减排，并形成多个海绵街区，连片效应明显。一是结合具有雨水滞渗功能的绿地改造，提升小区整体景观品质；二是对小区裸土路面、破损路面进行翻新，并增设生态停车场，解决小区停车和出行难题；三是拆墙透绿，打通城市微循环，市民出行更便利；四是增设垃圾收集设施，粉刷建筑墙面，解决老大难的污水外溢等问题，大大缓解市政雨水管网的排水压力，并大大提升雨水资源回补地下水量。同时，将老城区所有市政道路的行道树绿化带进行打通下沉，实现道路以及沿街楼屋面雨水的就地消纳，超量雨水则通过溢流口进入市政管网，此外，选择改造难度较大的3条道路，通过组合树池建设，实现机动车道雨水的渗滤净化，有效削减道路径流污染。

结合旧城改造，对部分城市主干道进行翻修，结合白城市海绵城市建设老城区积水综合整治与水环境综合保障PPP项目，对城区雨水管渠系统进行缺陷修复治理，对管道连通性和淤堵情况进行CCTV定期监测，并进行修复和清淤；对于个别立交桥积水点的治理，还建设了延时调蓄塘进行针对性的整治，如聚宾苑街头绿地延时调节塘，对上游小区超标雨水的调蓄和解决辽北路积水点问题，汇水面积13.2hm²，延时调节塘可实现设计降雨量20.5mm降雨的延时排放（排空时间24h），有效削减SS，以及实现立交桥排水标准由1年一遇提高到5年一遇。红旗街立交桥下延时调节塘也采用了该技术，经过了6月20日4h降雨量42mm暴雨（接近3年一遇）的检验，效果显著。

针对部分污水混接问题，综合考量源头治理的难度、成本和效果，制定了针对混接污水末端截流、调蓄的分期整治方案。目前已在胜利路及南干渠主干管实施污水截流，远期在南干渠原混接制排口处设置雨污混接截流溢流处理站，同时新建截污干管，非降雨期污水及降雨初期雨水应尽量尽快自流排入邻近截污干管，处理站通过格栅、颗粒分离器等处理设备，对雨污水进行预处理，通过处理池处理后的雨污水进入天河湖人工湿地进行深度净化后排放。

南干渠排水分区工程布局和设施工作量如附图A-28、附图A-29所示。

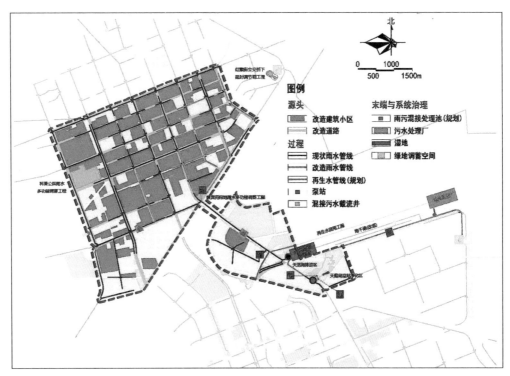

附图A-28　南干渠排水分区工程布局图

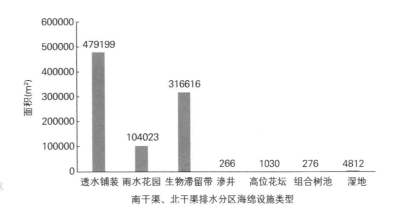

附图A-29　南干渠排水分区
设施工程量

172

中国海绵城市建设
创新实践系列

中国北方寒冷缺水地区
"海绵"典范
——吉林白城海绵城市
建设实践路径

A5.2 规划一河排水分区建设方案

A5.2.1 建设情况及主要问题

规划一河排水分区（R）位于白城市生态新区，区域整体西北高、东南低，路网已形成，现状基本建成占地约100hm²的新城家园棚改回迁居住区及新区中学等，其余地块已基本出让。管网为雨污分流制。片区东部现状有一沙坑，有利于改造为调蓄水体，在建有一座穿铁路的下穿式立交桥，桥区排水通过泵站强排。由于区域地形平坦，导致排水、排涝条件差，现状雨水管渠末端排放口均为淹没出流，雨水未经任何处理直接排入规划一河，对规划一河水体水质产生破坏。且现状下穿式立交桥区排水标准较高，需控制暴雨时高水汇入桥区。

A5.2.2 源头减排

通过规划管控，对所有地块开发、开放空间，均提出了总量控制及污染控制指标要求。对既有路网，均进行了海绵化改造，并创新道路断面设计，采用了多种形式的带有停车功能的海绵绿带设计。创新融雪剂渗滤弃流技术、透水铺装抗冻融技术，目前已有横五路、横八路等多条道路采用该工艺做法，且效果显著。

过程管控除完善区域排水管渠系统外，根据既有道路竖向，规划超标雨水径流路径，与末端前置塘相衔接，构建道路行泄通道，选择横五路与纵十三路道路大排水通道、纵八路道路大排水通道，分别利用道路路面及道路两侧带状绿带作为径流行泄通道。将纵十三路两侧各15m宽绿化带设计为径流行泄通道，汇集周边区域超标雨水，其中，右侧行泄通道还承接横五路道路路面径流行泄通道，超过管道能力的雨水径流通道道路最低点人行道渐变下凹。小区出入口护栏打开，渐变下凹汇入行泄通道，可有效应对周边0.7km²范围内20年一遇暴雨形成的径流峰值，对中小降雨雨水进行生态净化后排入规划一河。

为实现高风险区域20年一遇的内涝防治标准，充分利用既有道路竖向，衔接河道洪水位，建设了山地公园多功能调蓄水体与横五路、纵八路、纵十三路道路径流行泄通道等排涝除险工程衔接，并综合通过周边地块竖向管控，达到了排涝除险防治设计目标。以源头截污、末端最大程度利用雨水资源为原则，优化和平衡源头减排、末端调蓄水量，源头地块、道路溢流雨水经市政雨水管网首先接入末端公园绿地内的前置塘和湿地截污净化区，雨水经净化后进入调蓄水体，水体溢流进入纵十三大排水通道，最终汇入规划一河。

调蓄水体收集雨水用于公园绿化用水，水体补水水源来自规划一河。水体设置潜流湿地循环净化区（净水周期为5日），以保障水体水质。调蓄水体定期通过叠瀑形成跌水，并通过潜流湿地净化区净化后回流至水体，循环净化同时具有复氧作用，还可以提升水体水动力，并结合生态堤岸等水生生物群落的构建，综合保障水体水质。

规划一河排水分区工程布局和设施工程量如附图A-30、附图A-31所示。

A5.3 鹤鸣湖排水分区建设方案

A5.3.1 建设情况及主要问题

鹤鸣湖排水分区位于生态新区南部，区域内现状路网已形成，目前已建成碧桂园片区、

附图A-30 规划一河排水分区工程布局图

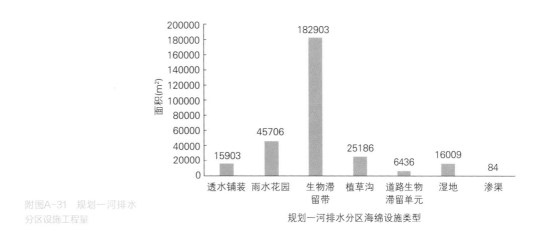

附图A-31 规划一河排水
分区设施工程量

规划一河排水分区海绵设施类型

科文中心，其余地块均未开发。

目前，鹤鸣湖为白城市最大水体，是市民游玩的重要去处。目前其水源除雨水外，主要为来自洮儿河灌渠的外调水，且由于湖体流动性差，径流污染控制不足，雨水径流未经任何处理直接排入鹤鸣湖，随着新区开发，其水质恶化 险大。由于淹没出流，碧桂园片区存在一定的内涝风险问题。

A5.3.2　建设方案

地块开发、开放空间均提出了总量控制指标要求，对既有路网均进行了海绵化改造。碧桂园片区为高档住宅区，结合海绵改造进行景观提升，削减雨水径流面源污染；未开发地块通过规划管控，基于鹤鸣湖水环境容量的污染物削减分析制定源头减排指标，减少雨水径流污染入湖，从而改善片区水环境质量。末端泵站入湖口处建设雨水净化湿地，且利用现状闸泵的调度，构建鹤鸣湖小范围内的水循环体系，同时通过再生水湿地补充水体等措施，提升水体自净能力，达到"活水保质、湿地促净"的海绵城市建设要求。通过海绵城市建设，构建人工湖水域生态系统，确保湿地水域的水质水量；通过雨水收集、调蓄和综合利用，提高对雨水的利用率，防止区域内涝；实现生态自我平衡和补偿，降低对外界生态环境的依赖和破坏，实现区域的良性循环和发展。

鹤鸣湖排水分区工程布局参见图3-64，设施工程量如附图A-32所示。

A5.4　洮儿河灌渠排水分区建设方案

A5.4.1　建设情况及主要问题

洮儿河灌渠排水分区（Ⅰ）位于白城市工业园区，区域多为工业厂房，厂房海绵改造难度较大，且部分厂房并未进驻使用。现状道路断面多为机动车道+人行道+绿化带形式。现状排水体制为雨污分流，有两处排口，一处为西侧南干渠，一处为东侧工业园区二期规划绕城东干渠。

A5.4.2　建设方案

针对现状条件，已进驻使用厂房结合道路海绵改造，厂房门口处道路生物滞留带侧边开口，加大道路生物滞留调蓄容积，利用道路生物滞留带消纳厂区径流；道路人行道设置线形排水沟，将道路路面径流引入人行道两侧绿化带中。未进驻使用厂区通过规划管控，提出了总量控制指标要求，给出设计指引，对工业用地的雨水径流面源污染进行全面控制。末端西侧排口处构建滞蓄公园，东侧排口处保护天然海绵体，利用天然坑塘进行蓄渗。

洮儿河灌渠排水分区工程布局和设施工程量如附图A-33、附图A-34所示。

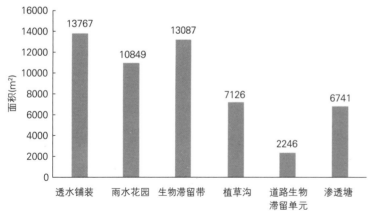

附图A-32　鹤鸣湖排水分区设施工程量

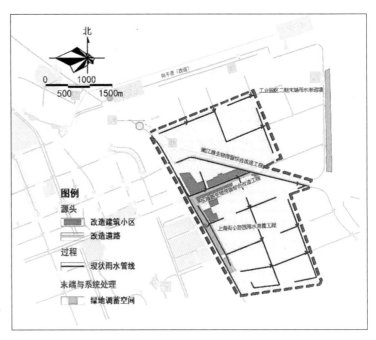

附图A-33　洮儿河灌渠排水分区工程布局图

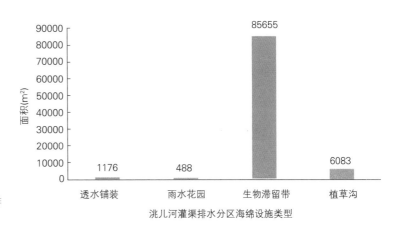

附图A-34　洮儿河灌渠排水分区设施工程量

A6　建设效果与效益

A6.1　建设效果评估

A6.1.1　年径流总量控制率

见正文2.4.1节。

A6.1.2　管网提标贡献率

见正文2.7.1节"2. 管网排水能力提标贡献"。

A6.1.3　积水易涝点消除

见正文2.7.1节"3. 积水易涝点消除"。

A6.1.4　污染削减效果

见正文2.5.2节"3．雨水径流污染控制"。

A6.1.5　雨水资源利用

见正文2.6.1节。

A6.2　效益评估

A6.2.1　社会效益

人居环境极大改善：随着经济社会的快速发展和城市人口的增长，白城市12.4km²的老城区基础设施欠账多、承载能力不足、管理不到位的缺点日益凸显，人民群众对改善人居环境的强烈愿望与老旧残破的城市功能及"颜值"之间的矛盾日益突出，借助海绵城市试点建设契机，创新海绵城市+老城改造的模式，海绵、管廊、老城改造同步实施，地上、地下、空中同时开花，包含了很多基础设施建设项目，以民生为重，根本性提升城市核心竞争力和城市品位，实现拆墙透绿、打通微循环，提升城市承载能力，改善城市面貌，打造现代化宜居生态新城，实现"小区变花园、老城变新城"。

缓解内涝：通过海绵城市建设，片区内涝状况得到有效缓解，由内涝问题引起的经济财产损失、交通安全问题等都因此而得到缓解，大大增加了城市居民生活舒适度，提升了对城市的归属感和对政府的认同感。

带动当地产业发展：由于海绵城市多为公益项目，无收益，因此，白城市海绵城市PPP项目采用政府购买服务的方式，支付社会资本方建设与运维费，如何缓解政府财政压力，白城市积极通过海绵城市建设带动地方产业。白城市2m以下即为砂砾层，地质条件非常利于雨水入渗，也为白城提供大量的海绵优质材料——砂砾，是生态设施优良的覆盖层防冲刷材料，其应用可有效解决了生态设施边坡宜冲刷等问题。此外，海绵城市建设大量选择了本土化的植物，培育了大量本底苗圃基地，作为雨水渗滤设施重要的净化材料，往日无人问津的炉渣变废为宝，成为海绵城市建设的优质材料。

A6.2.2　环境效益

非常规水资源利用：白城市海绵城市建设将提高非常规水资源利用率，雨水资源每年可利用量为1204.5万m³，雨水资源利用率达到10%以上，再生水场目前已具备2万t/d的处理能力，除用于工业外还可用于生态补水，各1万t/d，再生水利用率达到76.9%，可有效缓解白城市水资源短缺问题。

减少污染排放：片区通过源头减排、道路行泄通道过程管控、雨水面源污染控制、末端净化湿地、生态岸线等，每年可减少排入鹤鸣湖水体、规划一河的SS总量约485.8t，COD排放量约132t，对水环境改善、生态平衡的恢复起到了巨大作用。

促进城市良性循环：海绵城市的建设能够促进雨水的下渗，有效补充地下水，缓解地面下沉，涵养地下水源。同时，透水铺装、生物滞留等设施的实施还能够有效改善气候环境，营造适宜的生存环境。通过海绵城市建设，白城市本底年径流总量控制率为74%，改造后的年径流总量控制率为80%，接近自然状态，水生态得到一定程度的修复。

A6.2.3 经济效益

1．水资源效益

白城市目前绿化用水多采用地下水及自来水，通过海绵城市建设，白城市试点区每年雨水可替代绿化及道路广场的部分用水约为434960m³，可折合效益为117.43万元。

白城市鹤鸣湖补水水源为雨水利用、再生水回补、引嫩入白外调水。通过鹤鸣湖水量平衡分析回补河道、景观水体雨水量约为506570m³，额外补水量约为199.4万m³。如采用雨水+再生水回补鹤鸣湖景观用水，相比较采用雨水+引嫩入白补水水源，可节省72.3万元。

2．地下水水位升高

通过试点区海绵城市的建设，加大雨水入渗，逐步使地下水实现采补平衡或补大于采，中心城区地下水水位有明显恢复。近5年地下水水位动态参见图2-56所示，地下水水位逐年升高。

3．泵站能耗削减效益分析

选取0.33年一遇24h降雨事件进行模拟，在有无LID的两种情况下，统计老城区聚宾苑泵站开启时间，进而评估泵站削减能耗。统计结果显示，在有LID的情况下，泵站能耗可降低65%，节省894元的费用（附表A-6）。

泵站能耗分析   附表A-6

泵站编号	开启水位（m）	排水流量（m³/s）	功率（kW）	开启时间（min）		能耗（kW·h）		费用（元）	
				LID	无LID	LID	无LID	LID	无LID
1	148.5	1.573	160	92	271	245	723	217	641
2	149.1	1.573	160	0	58	0	155	0	137
3	149.7	1.573	160	0	0	0	0	0	0
4	145.268	0.7	90	194	358	291	537	258	476
5	145.868	0.7	90	0	87	0	131	0	116
6	146.468	0.7	90	0	0	0	0	0	0
合计	—	—	—	286	774	536	1545	475	1369

4．减少雨水管道建设及运行维护成本

通过雨水低影响开发措施的实施，能够适当减少雨水管道的建设规模，减少雨水管道的建设成本。同时，雨水低影响开发措施的实施能够较大幅度的削减径流雨水中的SS，减小雨水管道及雨水检查井的淤积，降低雨水管道的养护频率，减少雨水管道的运行维护成本。

A7 工程建设技术与标准做法

见正文2.8.2节"1．技术体系与标准规范"。

178

中国海绵城市建设
创新实践系列

中国北方寒冷缺水地区
"海绵"典范
——吉林白城海绵城市
建设实践路径

附录B

海绵城市建设项目表

海绵城市建设项目表					附表B-1
序号	排水分区	工程项目	项目占地/长度	工程内容	投资(万元)
1	N1	东白鹤小区生态停车场改造工程	53839m²	雨水花园、生物滞留带、下沉式绿地、承载型铺装改造、线形排水沟	266.53
2	N1	西白鹤小区生态停车场改造工程	34099m²	雨水花园、生物滞留带、下沉式绿地、承载型铺装改造、线形排水沟	195.76
3	N1	财政局生态停车场改造工程	33704m²	雨水花园、生物滞留带、下沉式绿地、承载型铺装改造、线形排水沟	11.11
4	S2	白鹤5区生态停车场改造工程	45832m²	雨水花园、生物滞留带、下沉式绿地、承载型铺装改造、线形排水沟	185
5	S2	百福小区生态停车场改造工程	24446m²	雨水花园、生物滞留带、下沉式绿地、承载型铺装改造、线形排水沟	186.95
6	S3	北市小区生态停车场改造工程	29469m²	雨水花园、生物滞留带、下沉式绿地、承载型铺装改造、线形排水沟	110.14
7	S1	检查局及家属院生态停车场改造工程	4424m²	雨水花园、生物滞留带、下沉式绿地、承载型铺装改造、线形排水沟	7.8
8	S1	开发大厦生态停车场改造工程	5284m²	雨水花园、生物滞留带、下沉式绿地、承载型铺装改造、线形排水沟	1.83
9	S1	安全局及西侧小院生态停车场改造工程	4710m²	雨水花园、生物滞留带、下沉式绿地、承载型铺装改造、线形排水沟	2.79
10	S1	市中心血站生态停车场改造工程	4527.7m²	雨水花园、生物滞留带、下沉式绿地、承载型铺装改造、线形排水沟	10.57
11	S1	国家税务局雨水综合利用改造工程	6329m²	雨水花园、生物滞留带、下沉式绿地、透水铺装、线形排水沟	12.95
12	R2	新区中学雨水综合利用示范工程	76506m²	雨水花园、生物滞留带、下沉式绿地、透水铺装、调蓄水池	3920.4
13	R3	畜牧业四家单位业务用房雨水综合利用示范工程	7444m²	雨水花园、生物滞留带、下沉式绿地、承载型铺装改造、线形排水沟	224.16
14	R4	市民服务中心雨水综合利用示范工程	73222m²	雨水花园、生物滞留带、下沉式绿地、承载型铺装改造、线形排水沟、生态停车场	3518.48
15	S3	疾控中心小区雨水综合利用改造工程	19853m²	雨水花园、生物滞留带、下沉式绿地、承载型铺装改造、小区污水管网疏通改造、线形排水沟	30.58

附录

序号	排水分区	工程项目	项目占地/长度	工程内容	投资(万元)
16	S1	和兴居雨水综合利用改造工程	31200m²	雨水花园、生物滞留带、下沉式绿地、承载型铺装改造、小区污水管网疏通改造、线形排水沟	42.63
17	S1	佳兴园雨水综合利用改造工程	41093.04m²	雨水花园、生物滞留带、下沉式绿地、承载型铺装改造、小区污水管网疏通改造、线形排水沟	351.79
18	S1	贤居雅苑雨水综合利用改造工程	17792.66m²	雨水花园、生物滞留带、下沉式绿地、承载型铺装改造、小区污水管网疏通改造、线形排水沟	339.42
19	S1	学士苑精品雨水综合利用改造工程	25749.82m²	雨水花园、生物滞留带、下沉式绿地、承载型铺装改造、小区污水管网疏通改造、线形排水沟	173.83
20	S1	农发行小区雨水综合利用改造工程	23540.43m²	雨水花园、生物滞留带、下沉式绿地、承载型铺装改造、小区污水管网疏通改造、线形排水沟	150.74
21	S1	学士苑小区生态及雨水综合利用改造工程	29175.61m²	雨水花园、生物滞留带、下沉式绿地、承载型铺装改造、小区污水管网疏通改造、线形排水沟	141.09
22	S1	橄榄小区生态及雨水综合利用改造工程	11196.54m²	雨水花园、生物滞留带、下沉式绿地、承载型铺装改造、小区污水管网疏通改造、线形排水沟	87.66
23	S1	市行政学院生态及雨水综合利用改造工程	29980.97m²	雨水花园、生物滞留带、下沉式绿地、承载型铺装改造、小区污水管网疏通改造、线形排水沟	91.31
24	N1	鹤翔花园生态及雨水综合利用改造工程	38285.36m²	雨水花园、生物滞留带、下沉式绿地、承载型铺装改造、小区污水管网疏通改造、线形排水沟	204.92
25	N1	博物馆小区生态及雨水综合利用改造工程	16160.67m²	雨水花园、生物滞留带、下沉式绿地、承载型铺装改造、小区污水管网疏通改造、线形排水沟	26.48
26	N1	百福二期生态及雨水综合利用改造工程	10157.32m²	雨水花园、生物滞留带、下沉式绿地、承载型铺装改造、小区污水管网疏通改造、线形排水沟	57.02
27	S1	检察院小区生态停车场改造工程	10103.23m²	雨水花园、生物滞留带、下沉式绿地、承载型铺装改造、小区污水管网疏通改造、线形排水沟	440.83
28	S2	日杂小区生态及雨水综合利用改造工程	20867.39m²	雨水花园、生物滞留带、下沉式绿地、承载型铺装改造、小区污水管网疏通改造、线形排水沟	80.99
29	S2	新星花园五期生态及雨水综合利用改造工程	18976.64m²	雨水花园、生物滞留带、下沉式绿地、承载型铺装改造、小区污水管网疏通改造、线形排水沟	43.19
30	S2	怡海新村生态及雨水综合利用改造工程	48431.9m²	雨水花园、生物滞留带、下沉式绿地、承载型铺装改造、小区污水管网疏通改造、线形排水沟	38.32
31	S2	劲旅家园生态及雨水综合利用改造工程	6146.69m²	雨水花园、生物滞留带、下沉式绿地、承载型铺装改造、小区污水管网疏通改造、线形排水沟	51.17

续表

序号	排水分区	工程项目	项目占地/长度	工程内容	投资（万元）
32	S2	二幼胡同小区生态及雨水综合利用改造工程	33700.66m²	雨水花园、生物滞留带、下沉式绿地、承载型铺装改造、小区污水管网疏通改造、线形排水沟	126.21
33	S2	诚基花园生态及雨水综合利用改造工程	36241.48m²	雨水花园、生物滞留带、下沉式绿地、承载型铺装改造、小区污水管网疏通改造、线形排水沟	711.48
34	S2	金辉小区生态及雨水综合利用改造工程	44973.64m²	雨水花园、生物滞留带、下沉式绿地、透水铺装改造、线形排水沟	325.26
35	S2	铁鹤小区生态及雨水综合利用改造工程	41499.25m²	雨水花园、生物滞留带、下沉式绿地、透水铺装改造、线形排水沟	141.2
36	S2	菜市胡同生态及雨水综合利用改造工程	25808.5m²	雨水花园、生物滞留带、下沉式绿地、透水铺装改造、线形排水沟	62.89
37	S2	新华小区生态及雨水综合利用改造工程	17590.22m²	雨水花园、生物滞留带、下沉式绿地、透水铺装改造、线形排水沟	78.55
38	S3	明仁小区生态及雨水综合利用改造工程	24332.36m²	雨水花园、生物滞留带、下沉式绿地、透水铺装改造、线形排水沟	144.16
39	S2	民生乙小区生态及雨水综合利用改造工程	35997.88m²	雨水花园、生物滞留带、下沉式绿地、承载型铺装改造、小区污水管网疏通改造、线形排水沟	161.58
40	S2	红叶小区生态及雨水综合利用改造工程	39714.65m²	雨水花园、生物滞留带、下沉式绿地、承载型铺装改造、小区污水管网疏通改造、线形排水沟	118.78
41	S1	广电小区生态及雨水综合利用改造工程	15709.79m²	雨水花园、生物滞留带、下沉式绿地、承载型铺装改造、小区污水管网疏通改造、线形排水沟	211.08
42	S1	财政小区生态及雨水综合利用改造工程	6510m²	雨水花园、生物滞留带、下沉式绿地、承载型铺装改造、小区污水管网疏通改造、线形排水沟	91.67
43	S1	住房公积金中心生态及雨水综合利用改造工程	4976.12m²	雨水花园、生物滞留带、下沉式绿地、承载型铺装改造、小区污水管网疏通改造、线形排水沟	84.41
44	S1	阳光A区生态及雨水综合利用改造工程	33122.13m²	雨水花园、生物滞留带、下沉式绿地、承载型铺装改造、小区污水管网疏通改造、线形排水沟	104.72
45	S1	中行小区生态及雨水综合利用改造工程	8021.71m²	雨水花园、生物滞留带、下沉式绿地、承载型铺装改造、小区污水管网疏通改造、线形排水沟	125.64
46	O	吉府A区生态及雨水综合利用改造工程	12123.28m²	雨水花园、生物滞留带、下沉式绿地、承载型铺装改造、小区污水管网疏通改造、线形排水沟	225.82
47	S1	网通小区生态及雨水综合利用改造工程	12210.87m²	雨水花园、生物滞留带、下沉式绿地、承载型铺装改造、小区污水管网疏通改造、线形排水沟	97.05
48	S1	新华花园生态及雨水综合利用改造工程	13160.88m²	雨水花园、生物滞留带、下沉式绿地、承载型铺装改造、小区污水管网疏通改造、线形排水沟	33.17

附录

序号	排水分区	工程项目	项目占地/长度	工程内容	投资(万元)
49	S1	金地回迁小区生态及雨水综合利用改造工程	18882.4m²	雨水花园、生物滞留带、下沉式绿地、承载型铺装改造、小区污水管网疏通改造、线形排水沟	510.17
50	S1	瀚海名城雨水综合利用改造工程	130971m²	雨水花园、生物滞留带、下沉式绿地、承载型铺装改造、小区污水管网疏通改造、线形排水沟	48.66
51	S1	工商局家属院（含国税局家属院）生态及雨水综合利用改造工程	10279.07m²	雨水花园、生物滞留带、下沉式绿地、承载型铺装改造、小区污水管网疏通改造、线形排水沟	35.48
52	S1	聚富家园家属楼生态及雨水综合利用改造工程	16149.2m²	雨水花园、生物滞留带、下沉式绿地、承载型铺装改造、小区污水管网疏通改造、线形排水沟	30.15
53	S1	"引嫩入白"家属楼生态及雨水综合利用改造工程	3255m²	雨水花园、生物滞留带、下沉式绿地、承载型铺装改造、小区污水管网疏通改造、线形排水沟	10.05
54	S1	设计院小区生态及雨水综合利用改造工程	8378.39m²	雨水花园、生物滞留带、下沉式绿地、承载型铺装改造、小区污水管网疏通改造、线形排水沟	31.73
55	S1	检察院小区生态及雨水综合利用改造工程	10103.23m²	雨水花园、生物滞留带、下沉式绿地、承载型铺装改造、小区污水管网疏通改造、线形排水沟	22.32
56	T2	管委会生态及雨水综合利用改造工程	19045.93m²	雨水花园、下沉式绿地、承载型铺装改造、线形排水沟	213.55
57	T2	法院生态及雨水综合利用改造工程	4200.49m²	下沉式绿地、承载型铺装改造	2.64
58	S4	友谊嘉园生态及雨水综合利用改造工程	91288.08m²	雨水花园、生物滞留带、下沉式绿地、承载型铺装改造、小区污水管网疏通改造、线形排水沟	1745.62
59	R4	白城市纪检委办案基地雨水综合利用示范工程	20679m²	雨水花园、生物滞留带、下沉式绿地、承载型铺装改造、线形排水沟	544.07
60	S2	洮北区检察院雨水综合利用示范工程	33704m²	雨水花园、生物滞留带、下沉式绿地、承载型铺装改造、线形排水沟	383.45
61	R2	威尼斯水上乐园服务中心雨水综合利用示范工程	14533.84m²	雨水花园、生物滞留带、下沉式绿地、承载型铺装改造、线形排水沟、生态停车场	200.17
62	S2	洮北电业小区	26263m²	雨水花园、生物滞留带、下沉式绿地、承载型铺装改造、小区污水管网疏通改造、线形排水沟	283.52
63	S1	新居社区雨水综合利用改造工程	56180.71m²	雨水花园、生物滞留带、下沉式绿地、承载型铺装改造、小区污水管网疏通改造、线形排水沟	765.53
64	S1	长庆新居生态及雨水综合利用改造工程	214748.75m²	雨水花园、生物滞留带、下沉式绿地、承载型铺装改造、小区污水管网疏通改造、线形排水沟	3980.54
65	S2	铁路一中生态及雨水综合利用改造工程	46065m²	雨水花园、生物滞留带、下沉式绿地、承载型铺装改造、小区污水管网疏通改造、线形排水沟	158.31

182

中国海绵城市建设
创新实践系列

中国北方寒冷缺水地区
"海绵"典范
——吉林白城海绵城市
建设实践路径

续表

序号	排水分区	工程项目	项目占地/长度	工程内容	投资(万元)
66	S2	锦绣华府生态及雨水综合利用改造工程	33893.57m²	雨水花园、生物滞留带、下沉式绿地、承载型铺装改造、小区污水管网疏通改造、线形排水沟	365.5
67	S2	南胜利小区生态及雨水综合利用改造工程	73526.26m²	雨水花园、生物滞留带、下沉式绿地、承载型铺装改造、小区污水管网疏通改造、线形排水沟	1036.38
68	S2	北胜利小区生态及雨水综合利用改造工程	60761m²	雨水花园、生物滞留带、下沉式绿地、承载型铺装改造、线形排水沟	774.1
69	S2	铁二中雨水综合利用改造工程	22416m²	雨水花园、生物滞留带、下沉式绿地、透水铺装、调蓄水池、线形排水沟	68.46
70	S2	铁二小生态及雨水综合利用改造工程	10712m²	雨水花园、生物滞留带、下沉式绿地、透水铺装、调蓄水池、线形排水沟	96.98
71	N1	洮北行政学院生态及雨水综合利用改造工程	15958.13m²	雨水花园、生物滞留带、下沉式绿地、承载型铺装改造、小区污水管网疏通改造、线形排水沟	143.86
72	N1	百福一期生态及雨水综合利用改造工程	25733.77m²	雨水花园、生物滞留带、下沉式绿地、承载型铺装改造、小区污水管网疏通改造、线形排水沟	89.18
73	N1	文化小学及家属楼生态及雨水综合利用改造工程	18988.05m²	生物滞留带、下沉式绿地、承载型铺装改造、小区污水管网疏通改造、线形排水沟	226.51
74	S2	第一中学生态及雨水综合利用改造工程	70732.85m²	生物滞留带、下沉式绿地、承载型铺装改造	784.06
75	S2	第十中学生态及雨水综合利用改造工程	22728.53m²	生物滞留带、下沉式绿地、承载型铺装改造	567.54
76	N1	银苑小区生态及雨水综合利用改造工程	30961.21m²	雨水花园、生物滞留带、下沉式绿地、承载型铺装改造、小区污水管网疏通改造、线形排水沟	139.03
77	N1	广益小区生态及雨水综合利用改造工程	23591.17m²	雨水花园、生物滞留带、下沉式绿地、承载型铺装改造、小区污水管网疏通改造、线形排水沟	191.53
78	N1	白鹤一小区生态及雨水综合利用改造工程	66683.18m²	雨水花园、生物滞留带、下沉式绿地、承载型铺装、调蓄水池、线形排水沟	1195.85
79	S3	老邮局小区生态及雨水综合利用改造工程	20899.06m²	雨水花园、生物滞留带、下沉式绿地、承载型铺装改造、小区污水管网疏通改造、线形排水沟	377.11
80	S3	洮北区法院小区生态及雨水综合利用改造工程	25989.69m²	雨水花园、生物滞留带、下沉式绿地、承载型铺装、调蓄水池、线形排水沟	340.37
81	S3	民生甲小区生态及雨水综合利用改造工程	63246.4m²	雨水花园、生物滞留带、下沉式绿地、承载型铺装改造、小区污水管网疏通改造、线形排水沟	640.11
82	S2	白城市第二中学生态及雨水综合利用改造工程	21230.74m²	雨水花园、生物滞留带、下沉式绿地、承载型铺装改造、线形排水沟	455.01
83	S3	和平小区（铁）生态及雨水综合利用改造工程	46537.56m²	雨水花园、生物滞留带、下沉式绿地、承载型铺装改造、小区污水管网疏通改造、线形排水沟	594.91

续表

序号	排水分区	工程项目	项目占地/长度	工程内容	投资（万元）
84	S2	南建设小区生态及雨水综合利用改造工程	27344.91m²	雨水花园、生物滞留带、下沉式绿地、承载型铺装改造、小区污水管网疏通改造、线形排水沟	422.04
85	S2	北建设小区生态及雨水综合利用改造工程	11076.06m²	雨水花园、生物滞留带、下沉式绿地、承载型铺装改造、小区污水管网疏通改造、线形排水沟	137.47
86	S3	东建设小区生态及雨水综合利用改造工程	15429.61m²	雨水花园、生物滞留带、下沉式绿地、承载型铺装改造、小区污水管网疏通改造、线形排水沟	422.04
87	S2	民主小区生态及雨水综合利用改造工程	108869.61m²	雨水花园、生物滞留带、下沉式绿地、承载型铺装改造、小区污水管网疏通改造、线形排水沟	1147.22
88	S2	东新兴小区生态及雨水综合利用改造工程	33112.74m²	雨水花园、生物滞留带、下沉式绿地、承载型铺装、调蓄水池、线形排水沟	675.61
89	S2	西新兴小区生态及雨水综合利用改造工程	43874.08m²	雨水花园、生物滞留带、下沉式绿地、承载型铺装改造、小区污水管网疏通改造、线形排水沟	758.15
90	S2	铁一小学生态及雨水综合利用改造工程	14346.39m²	雨水花园、生物滞留带、下沉式绿地、承载型铺装改造线形排水沟	406.86
91	S2	和平小区生态及雨水综合利用改造工程	28569.11m²	雨水花园、生物滞留带、下沉式绿地、承载型铺装改造、小区污水管网疏通改造、线形排水沟	474.03
92	S3	民福小区生态及雨水综合利用改造工程	13821.8m²	雨水花园、生物滞留带、下沉式绿地、承载型铺装改造、小区污水管网疏通改造、线形排水沟	266.76
93	S3	市政小区生态及雨水综合利用改造工程	15428.28m²	雨水花园、生物滞留带、下沉式绿地、承载型铺装改造、小区污水管网疏通改造、线形排水沟	113.09
94	S3	鼎基花园小区生态及雨水综合利用改造工程	42133.88m²	雨水花园、生物滞留带、下沉式绿地、承载型铺装改造、小区污水管网疏通改造、线形排水沟	361.71
95	S3	白城医学高等专科学校附属医院生态及雨水综合利用改造工程	17173.22m²	雨水花园、生物滞留带、下沉式绿地、承载型铺装改造线形排水沟	358.45
96	S3	解放小区生态及雨水综合利用改造工程	37159.31m²	雨水花园、生物滞留带、下沉式绿地、承载型铺装改造、小区污水管网疏通改造、线形排水沟	521.57
97	S2	一中、聋哑学校家属院生态及雨水综合利用改造工程	7680.3m²	雨水花园、生物滞留带、下沉式绿地、承载型铺装改造	75.5
98	S2	民生中学生态及雨水综合利用改造工程	9304.04m²	雨水花园、生物滞留带、下沉式绿地、承载型铺装改造	210.15
99	S1	第一职业高中生态及雨水综合利用改造工程	19358.27m²	雨水花园、生物滞留带、下沉式绿地、承载型铺装改造	29.89
100	S1	司法小区生态及雨水综合利用改造工程	75255.54m²	雨水花园、生物滞留带、下沉式绿地、承载型铺装改造、小区污水管网疏通改造、线形排水沟	877.21

184

中国海绵城市建设
创新实践系列

中国北方寒冷缺水地区
"海绵"典范
——吉林白城海绵城市
建设实践路径

续表

序号	排水分区	工程项目	项目占地/长度	工程内容	投资(万元)
101	S1	321医院生态及雨水综合利用改造工程	116710.33m²	雨水花园、生物滞留带、下沉式绿地、承载型铺装改造、小区污水管网疏通改造、线形排水沟	212.56
102	S1	幸福花园小区生态及雨水综合利用改造工程	67349.48m²	雨水花园、生物滞留带、下沉式绿地、承载型铺装改造、小区污水管网疏通改造、线形排水沟	946.26
103	S1	中法小区、华一家园小区生态及雨水综合利用改造工程	54160.94m²	雨水花园、生物滞留带、下沉式绿地、承载型铺装改造、小区污水管网疏通改造、线形排水沟	347.3
104	S1	吉府B区一期雨水综合利用改造工程	28381.34m²	雨水花园、生物滞留带、下沉式绿地、承载型铺装改造、小区污水管网疏通改造、线形排水沟	240.99
105	S1	吉府B区二期生态及雨水综合利用改造工程	18636.22m²	雨水花园、生物滞留带、下沉式绿地、承载型铺装改造、小区污水管网疏通改造、线形排水沟	224.35
106	S1	龙脉花园小区生态及雨水综合利用改造工程(棚户区改造)	34174.15m²	雨水花园、生物滞留带、下沉式绿地、承载型铺装改造、小区污水管网疏通改造、线形排水沟	158.82
107	L1	科文中心雨水综合利用示范工程	82148.6m²	雨水花园、生物滞留带、下沉式绿地、承载型铺装改造、调蓄水池、雨水塘、生态停车场	2430.84
108	S2	北新兴小区	17219m²	雨水花园、生物滞留带、下沉式绿地、承载型铺装改造、小区污水管网疏通改造、线形排水沟	1685.2
109	S2	步行街北侧	73941.5m²	雨水花园、生物滞留带、下沉式绿地、承载型铺装改造、小区污水管网疏通改造、线形排水沟	596.45
110	S2	电业小区	26263m²	雨水花园、生物滞留带、下沉式绿地、承载型铺装改造、小区污水管网疏通改造、线形排水沟	351.88
111	S2	兴安胡同	31413m²	雨水花园、生物滞留带、下沉式绿地、承载型铺装改造、小区污水管网疏通改造、线形排水沟	637.46
112	S2	炮旅家属楼	7630m²	雨水花园、生物滞留带、下沉式绿地、承载型铺装改造、小区污水管网疏通改造、线形排水沟	220.82
113	S2	民生丙小区	15276m²	雨水花园、生物滞留带、下沉式绿地、承载型铺装改造、小区污水管网疏通改造、线形排水沟	249.6
114	S1	鹤林苑小区生态及雨水综合利用改造工程	47526.99m²	雨水花园、生物滞留带、下沉式绿地、承载型铺装改造、小区污水管网疏通改造、线形排水沟	454.32
115	S3	金梧桐胡同	7980m²	雨水花园、生物滞留带、下沉式绿地、承载型铺装改造、小区污水管网疏通改造、线形排水沟	433.1
116	S1	三亚小区生态及雨水综合利用改造工程	12680.49m²	雨水花园、生物滞留带、下沉式绿地、承载型铺装改造、小区污水管网疏通改造、线形排水沟	53.73

续表

序号	排水分区	工程项目	项目占地/长度	工程内容	投资(万元)
117	L2	实验基地（南九街东侧）	18988m²	雨水花园、生物滞留带、生态停车场、承载型铺装改造、透水铺装、线形排水沟、蓄水池、石笼	102.01
118	S1	欧亚购物中心生态及雨水综合利用改造工程	27648.08m²	下沉式绿地、承载型铺装改造	476.61
119	—	光明街（民主路—胜利路）	3788.534m	沥青路面、大理石板、下沉式绿化带	8296.69
120	—	金辉街（新华路—胜利路）	950.388m	沥青路面、大理石板、下沉式绿化带	2470.17
121	—	青年街（东风道口—辽北路）	2916.199m	沥青路面、大理石板、下沉式绿化带	5782.06
122	—	和平街（中兴路—海明路）	602.456m	沥青路面、大理石板、下沉式绿化带	1542.17
123	—	爱国街（海明路—辽北路）	426.522m	沥青路面、大理石板、下沉式绿化带	1293.7
124	—	中兴路（光明街—和平街）	6455.27m	沥青路面、大理石板、下沉式绿化带	11125.32
125	—	海明路（光明街—金辉街）（青年街—爱国街）	2183.191m	沥青路面、大理石板、下沉式绿化带	3314.92
126	—	新华路（光明街—青年街）	2714.53m	沥青路面、大理石板、下沉式绿化带	5537.79
127	—	保胜街（光明街—长庆街）	1491.502m	沥青路面、大理石板、下沉式绿化带	1579.25
128	—	胜利路（纯阳路—金辉街）	2770.34m	沥青路面、大理石板、下沉式绿化带	5734.11
129	—	嫩江路	2058m	沥青路面、下沉式绿化带	424.27
130	—	东海路	966m	沥青路面、下沉式绿化带	327.92
131	—	上海街	1584m	沥青路面、下沉式绿化带	459.09
132	—	金辉北街（新华路—公园路）	1717.097m	沥青路面、大理石板、下沉式绿化带	2339.92
133	—	富裕路（光明街—药厂）	681.79m	沥青路面、大理石板、下沉式绿化带	459.1
134	—	幸福街（民主路—市政界）	3367.612m	沥青路面、大理石板、下沉式绿化带	7392.67
135	—	瑞光街（胜利路—长庆街）	3510.134m	沥青路面、大理石板、下沉式绿化带	5219.88
136	—	长庆街（瑞光街—胜利路）	3783.643m	沥青路面、大理石板、下沉式绿化带	7818.51
137	—	明仁街（民主路—辽北路）	2337.18m	沥青路面、大理石板、下沉式绿化带、组合树池	5752.18
138	—	文化路（游泳馆南北街—海湾路）	3423.443m	沥青路面、大理石板、下沉式绿化带	5229.62
139	—	洮安路（幸福街—和平街）	2599.68m	沥青路面、大理石板、下沉式绿化带	5108.96
140	—	民生路（幸福街—爱国街）	2383.55m	沥青路面、大理石板、下沉式绿化带	5098.8
141	—	新兴路（瑞光街—辽北路）	1171.878m	沥青路面、大理石板、下沉式绿化带	3596.37
142	—	兴安路（长庆街—明仁街）	736.94m	沥青路面、大理石板、下沉式绿化带	1447.64
143	—	辽北路（胜利路—红旗街）	2726.392m	沥青路面、大理石板、下沉式绿化带	5334.43
144	—	民主路（光明街—红旗街）	3237.276m	沥青路面、大理石板、下沉式绿化带	6940.43
145	—	红旗街（民主路—辽北路）	1720.962m	沥青路面、大理石板、下沉式绿化带	3597.5
146	—	兴文路（金辉街—明仁街）	540.223m	沥青路面、大理石板、下沉式绿化带	804.87
147	—	朝阳路（青年街—强大路）	974.09m	沥青路面、大理石板、下沉式绿化带	2128.73
148	—	幸福大街南延段	70692m	沥青路面、大理石板、下沉式绿化带	2138.44

186

中国海绵城市建设
创新实践系列

中国北方寒冷缺水地区
"海绵"典范
——吉林白城海绵城市
建设实践路径

续表

序号	排水分区	工程项目	项目占地/长度	工程内容	投资（万元）
149	—	棉纺路（G302—光明街）	2601.633m	沥青路面、大理石板、下沉式绿化带	3206.69
150	—	庆学路（幸福街—和平街）	1896.328m	沥青路面、大理石板、下沉式绿化带	3032.07
151	—	公园路（瑞光街—明仁街）	1178.096m	沥青路面、大理石板、下沉式绿化带	1865.33
152	—	淮河路（长白路—南九街）	637m	沥青路面、大理石板、下沉式绿化带	1052.14
153	—	长庆南街	3452m	沥青路面、大理石板、下沉式绿化带	16447.14
154	—	东海路（长白路—纵八路）	2155m	沥青路面、绿化游园及景观、生物滞留	13018.12
155	—	纵十一路	1556m	沥青路面、绿化游园及景观、生物滞留	3576.66
156	—	丽江路	2352m	沥青路面、绿化游园及景观、生物滞留	9953.95
157	—	横五路	1900m	沥青路面、组合树池、透水铺装	4289.67
158	—	横八路	500m	沥青路面、绿化游园及景观	264.45
159	—	纵八路	1836m	沥青路面、组合树池、透水铺装、行泄通道	1891.04
160	—	南九街	430m	沥青路面、绿化游园及景观	1546.13
161	—	横一路	220m	沥青路面、组合树池、承载型铺装	382.83
162	—	家园路	1000m	沥青路面、组合树池、透水铺装	866.25
163	—	纵七路	1634m	沥青路面、承载型铺装、生物滞留	1048.6
164	—	纵九路	980m	沥青路面、承载型铺装、生物滞留	1146.24
165	—	横十路（长庆南街—纵十七路）	216m	沥青路面、承载型铺装、生物滞留	166.61
166	—	纵十七路	1152m	沥青路面、承载型铺装、生物滞留	1008.15
167	—	淮河路（南九街—图乌路）	576.42m	沥青路面、绿化游园及景观、生物滞留	907.08
168	—	纵十三路	1173m	沥青路面、绿化游园及行泄通道	2533.55
169	—	纵十二路	980m	沥青路面、绿化游园及景观、生物滞留	951.44
170	—	横七路（长白路—纵八路）	1907m	沥青路面、绿化游园及景观、生物滞留	5522.47
171	—	横九路	720m	沥青路面、绿化游园及景观、生物滞留	920.72
172	—	横六路（纵八路—纵十二路）	810m	沥青路面、绿化游园及景观	720.29
173	—	图乌路（长白路—长庆街）	6780m	沥青路面、绿化游园及景观、生物滞留	1255.9
174	—	西辅路	929m	沥青路面、绿化游园及景观、生物滞留	1209.41
175	—	幸福南街（幸福桥—横五路）	1159m	沥青路面、绿化游园及景观、植草沟	966.92
176	S1	吉鹤广场雨水综合利用示范工程	34184m²	生物滞留带、渗透塘、成品排水沟、排水渠、溢流井	853.79
177	L	鹤鸣湖多功能调蓄水体工程	540000m²	雨水花园、生物滞留带、湿地、水体、溢流井、景观	47996.49
178	R3	山地公园雨水渗透回补地下水工程	220000m²	雨水花园、生物滞留带、湿地、水体、景观	10305.49
179	S4	抗洪纪念塔雨水综合利用示范工程	6800m²	生物滞留带	119.55
180	S4	天鹅湖雨水综合利用示范工程	244600m²	生物滞留带、湿地、水体、景观	6227.92

续表

序号	排水分区	工程项目	项目占地/长度	工程内容	投资（万元）
181	S1	光明小游园	3148m²	雨水花园、景观	88
182	N	劳动公园雨水综合利用示范工程	107000m²	生态驳岸、混凝土路面改造、生态停车场、透水砖路面、下沉式绿地	8449.87
183	R	市民广场雨水综合利用示范工程	62660m²	混凝土路面改造、生态停车场、下沉式绿地、旱喷泉	3186.13
184	R	长庆湿地公园雨水渗透回补地下水工程	63929m²	石笼、绿化景观	1057.35
185	S	科普公园（市林科院地块）多功能调蓄改造工程	131816m²	生物滞留带、湿地、水体、景观、蓄水池	4100.49
186		2处拆墙透绿及雨水综合利用工程	拆除围墙7500m，绿化13750m²，铺装90762m²	雨水花园、生物滞留带、硬化铺装	2425.47
187	N	站前广场	15375m²	硬化路面、下沉式绿地、调蓄池	3772.74
188	R	纵十三大排水通道	598m	铺装、渗渠、汀步、树池、生态河岸处理、平流湿地净化区	286.31
189	R	纵八大排水通道	1420m	铺装、渗渠、汀步、树池、生态河岸处理、平流湿地净化区	545.55
190	—	爱国街污水管改造工程	372m	HDPE管	73.7
191	—	金辉街污水管改造工程	333.03m	HDPE管	66.42
192	—	民主路污水管改造工程	618m	HDPE管	122.45
193	—	民生路污水管改造工程	1317.2m	HDPE管	266.69
194	—	青年街污水管改造工程（民生—辽北）	117m/395m	HDPE管	108.97
195	—	胜利路Φ1800检查井改造	27个	砌筑井	24.3
196	—	文化路污水管改造工程	346m	HDPE管	68.56
197	—	青年街污水管改造工程（海明—中兴）	117m/395m	HDPE管	169.34
198	—	文化路污水管新建工程	389.7m	HDPE管	75.98
199	—	和平街污水管改造工程	694.5m	HDPE管	137.61
200	—	保胜路污水管改造工程	504m	HDPE管	63.06
201	—	明仁街污水管改造工程	1576m	HDPE管	281.79
202	—	幸福街污水管改造工程	1471.5m	HDPE管	151.73
203	—	红旗街污水管改造工程	1902m	HDPE管	119.22
204	—	民主路污水管改造工程	754.9m	HDPE管	28.18
205	—	洮安路污水管改造工程	380m/1618.4m	HDPE管	505.03
206	—	公园路污水管改造工程	382m	HDPE管	73.81
207	—	辽北路污水管改造工程	180m	HDPE管	19.51
208	—	新兴路污水管改造工程	925m	HDPE管	92.13
209	—	兴安路污水管改造工程	320m/394m	HDPE管	59.61
210	—	兴文路污水管改造工程	498.9m	HDPE管	59.61

188

中国海绵城市建设
创新实践系列

中国北方寒冷缺水地区
"海绵"典范
——吉林白城海绵城市
建设实践路径

续表

序号	排水分区	工程项目	项目占地/长度	工程内容	投资(万元)
211	—	长庆南街污水管新建工程	221m	HDPE管	22.64
212	—	吉鹤商都（青春痘超市）污水管网改造工程	220m	HDPE管	31.51
213	—	白鹤小区（市党校路南）污水管网改造工程	160m	HDPE管	22.91
214	—	保平砖厂楼（保平砖厂楼2号楼、长庆北街63号楼）污水管网改造工程	120m	HDPE管	17.19
215	—	吉鹤市场小区（吉鹤市场楼5号楼、7号楼）污水管网改造工程	100m	HDPE管	14.32
216	—	聋哑学校（幸福南大街41号）污水管网改造工程	80m	HDPE管	11.46
217	—	洮北区水利局家属楼（民主西路12号楼）污水管网改造工程	200m	HDPE管	28.64
218	—	洮北区农电局家属楼25号楼污水管网改造工程	100m	HDPE管	14.32
219	—	长庆小学路北（金辉小区）污水管网改造工程	300m	HDPE管	42.97
220	—	新华邮局西侧10号楼污水管网改造工程	90m	HDPE管	12.89
221	—	新华邮局西侧12号楼污水管网改造工程	90m	HDPE管	12.89
222	—	市医院大门对面4号楼污水管网改造工程	140m	HDPE管	20.06
223	—	市医院大门对面（水利小区）4-2号楼污水管网改造工程	110m	HDPE管	15.75
224	—	市医院大门对面（水利小区）6-1号楼污水管网改造工程	90m	HDPE管	12.89
225	—	长庆北街（三中门口北侧和南侧）污水管网改造工程	220m	HDPE管	31.51
226	—	长庆北街与庆学路交会处南侧（市医院北门、佛跳墙楼）污水管网改造工程	100m	HDPE管	14.32
227	—	市政维护处家属楼（强大路14号、15号、29号、31号）、朝阳路33号污水管网改造工程	350m	HDPE管	50.12
228	—	水暖厂路南（洮北区14级老干部楼中兴东大路74号、76号、78号楼）污水管网改造工程	200m	HDPE管	28.64
229	—	水暖厂路南（中兴东大路80号、82号、84号、86号、88号、90号、92号、94号、96号楼）污水管网改造工程	500m	HDPE管	71.61
230	—	鹤林苑污水管网改造工程	2100m	HDPE管	356.16
231	—	幸福花园污水管网改造工程	2520m	HDPE管	427.4
232	—	金地花园污水管网改造工程	600m	HDPE管	85.93
233	—	龙脉花园污水管网改造工程	800m	HDPE管	114.58
234	—	工业园区污水管网工程	8271m	HDPE管	3951.23
235	—	生态新区污水管网工程新建	23596m	HDPE管	5539.87

序号	排水分区	工程项目	项目占地/长度	工程内容	投资（万元）
236	—	3#污水提升泵站	320m²	污水提升泵站及围墙、值班配电室、工艺工程、外环境及附属设施	615.59
237	—	老城区污水干线清淤工程	12094m	机械清淤	604.7
238	—	新兴路与金辉街交叉口积水点改造工程	60.1m	更换管道、增设雨水篦	9.73
239	—	金辉街与海明路积水点改造工程	9.9m/16.4m/375m	更换管道、增设雨水篦	91.09
240	—	辽北路与红旗街积水点改造工程	247m²，深度2.5m，管长68m	延时调节塘、管道	81.26
241	—	辽北路机务段积水点改造工程（聚宾苑小游园）	13610m²	泵站、雨水花园	1435
242	—	保胜和幸福街积水点改造工程	18.5m	更换管道、增设雨水篦	2.79
243	—	文化西路与光明街交叉口积水点改造工程（文化小游园）	9600m²	更换管道、增设雨水篦、雨水花园	195
244	—	金辉街与新华路交叉口积水点改造工程	16.1m	更换管道、增设雨水篦	5.46
245	—	新华路与长庆街交叉口积水点改造工程	48m	更换管道、增设雨水篦	4.24
246	—	明仁街与民主路交叉口积水点改造工程	258.2m	更换管道、增设雨水篦	30.64
247	—	民主路与长庆街交叉口积水点改造工程	169.2m	更换管道、增设雨水篦	15.16
248	—	民主路与青年街交叉口积水点改造工程	39.4m	更换管道、增设雨水篦	3.36
249	—	市区过街管网翻建工程	4500m	更换管道	215.42
250	—	海明路雨水管改造工程	200m/155m	更换管道	129.48
251	—	文化路雨水管改造工程	234m	更换管道	84.69
252	—	和平街雨水管改造工程	472m	更换管道	161.74
253	—	金辉立交桥下过道管改造工程	642m	更换管道	166.08
254	—	老城区雨水泵站改扩建工程	仅更换设备	泵站及围墙、值班配电室、工艺工程、外环境及附属设施	572.24
255	—	生态新区雨水管网工程	55245m	更换管道	6432.54
256	—	新区淮河路雨水泵站	70m	泵站及围墙、值班配电室、工艺工程、外环境及附属设施	585.38
257	—	金辉街雨水管改造工程	1687m	更换管道	344.24
258	—	青年街雨水管改造工程	27.6m/512.2m	更换管道	44.79
259	—	爱国街雨水管改造工程	36.3m/482.4m	更换管道	78.35
260	—	新华路雨水管改造工程	384.8m	更换管道	63.81
261	—	海明路雨水管改造工程	331.1m	更换管道	106.65
262	—	中兴路雨水管新建工程	769m	更换管道	159.62
263	—	明仁街雨水管改造工程	440m/423m	更换管道	178.14
264	—	洮安路雨水管改造工程	721.5m/391.7m	更换管道	260.33
265	—	民生路雨水管改造工程	375.1m	更换管道	67.77

190

中国海绵城市建设
创新实践系列

中国北方寒冷缺水地区
"海绵"典范
——吉林白城海绵城市
建设实践路径

续表

序号	排水分区	工程项目	项目占地/长度	工程内容	投资（万元）
266	—	辽北路雨水管改造工程	951m	更换管道	178.03
267	—	新兴路雨水管改造工程	321m/201m/383m	更换管道	89
268	—	兴安路雨水管改造工程	415.8m/297.3m	更换管道	89.86
269	—	站前广场雨水管新建工程	519m	更换管道	78.53
270	—	长庆南街雨水管新建工程	540m	更换管道	122.4
271	—	民主路雨水管新建工程	2294m	更换管道	429.06
272	—	红旗街雨水管新建工程	2043m	更换管道	413.15
273	—	雨水南干渠（含工业园区泵站）	3179m	石笼、绿化景观	5587.95
274	—	老城区雨水干线清淤工程	50708m	机械清淤	2281.93
275	R	规划一河（长白路—纵八路）	1400m	连锁板块、人行道透水铺装、植草护坡、闸门	2526.2
276	R	规划二河	535m	连锁板块、人行道透水铺装、植草护坡、闸门	362.29
277	R	规划三河	535m	连锁板块、人行道透水铺装、植草护坡、闸门	374.15

注：/表示分段建设的数据。

附录C

地下水位监测表

地下水位监测表 附表C-1

水文编号	26600202	26600008	26600009	26600116	26600017
位置	光明11委4组奚成贵家	东风乡刘淑贤家	东风乡石振武家	地下水试验站院内	铁东11委王振山家
日期	地下潜水位埋深（m）				
2010/1/26	11.21	11.7	11.25	11.14	8.5
2010/2/26	11.09	11.65	11.16	10.97	8.37
2010/3/26	11.09	11.62	11.12	10.84	8.28
2010/4/26	11.13	11.45	11.13	10.79	8.24
2010/5/26	11.03	11.44	11.14	10.76	8.3
2010/6/26	11.2	11.75	11.4	10.85	8.6
2010/7/26	11.07	11.4	11.31	11.08	8.46
2010/8/26	10.92	11.69	11.4	10.9	8.26
2010/9/26	11.4	11.9	11.63	10.67	8.44
2010/10/26	11.26	11.66	11.57	10.5	8.48
2010/11/26	11.23	11.44	11.5	10.34	8
2010/12/26	11.24	11.36	11.48	10.3	7.96
2011/1/26	11.2	12.27	11.34	10.24	7.8
2011/2/26	11.24	12.19	11.29	10.2	7.91
2011/3/26	11.21	12.09	11.15	10.14	7.52
2011/4/26	11.3	12.01	11.14	10.13	7.56
2011/5/26	10.88	12.2	11.16	10.13	7.9
2011/6/26	10.8	12.22	11.05	10.48	7.92
2011/7/26	11.74	12.52	11.08	10.42	8.05
2011/8/26	10.84	12.53	11.03	10.5	8.08
2011/9/26	10.68	12.52	11.03	10.36	7.83
2011/10/26	10.66	12.23	10.9	10.32	7.83
2011/11/26	10.56	12.1	10.85	10.17	7.76

中国海绵城市建设
创新实践系列

中国北方寒冷缺水地区
"海绵"典范
——吉林白城海绵城市
建设实践路径

续表

水文编号	26600202	26600008	26600009	26600116	26600017
位置	光明11委4组奚成贵家	东风乡刘淑贤家	东风乡石振武家	地下水试验站院内	铁东11委王振山家
日期	地下潜水位埋深（m）				
2011/12/26	10.56	11.87	10.98	10.08	7.73
2012/1/26	10.79	11.7	10.73	10.04	7.71
2012/2/26	10.71	11.59	10.65	9.97	7.68
2012/3/26	10.64	11.51	10.6	9.89	7.62
2012/4/26	10.56	11.4	10.55	9.61	7.52
2012/5/26	10.76	12.08	10.87	10.01	7.77
2012/6/26	10.76	12.01	10.83	10.26	7.7
2012/7/26	10.19	11.87	10.36	9.84	7.16
2012/8/26	10.38	12.28	10.54	10.15	7.41
2012/9/26	10.49	12.28	10.63	10.03	7.26
2012/10/26	10.56	12.05	10.65	9.82	7.22
2012/11/26	10.37	11.83	10.62	9.69	7.26
2012/12/26	10.22	11.67	10.53	9.57	7.15
2013/1/26	10.05	11.5	10.4	9.43	7
2013/2/26	9.93	11.39	10.34	9.32	7.02
2013/3/26	结冰	11.3	10.27	9.22	6.95
2013/4/26	结冰	11.2	10.18	9.16	6.9
2013/5/26	9.94	11.43	10.29	9.1	6.97
2013/6/26	9.99	11.44	10.23	9.37	7
2013/7/26	9.16	11.02	9.55	8.59	6.06
2013/8/26	9.11	11.15	9.54	8.46	6.1
2013/9/26	9.16	11.92	9.5	8.71	7
2013/10/26	8.91	10.82	9.36	7.99	5.94
2013/11/26	8.69	10.65	9.21	7.84	6.22
2013/12/26	8.59	10.47	9.23	7.74	5.83
2014/1/26	8.47	11.27	9.09	6.19	6
2014/2/26	8.38	11.24	8.99	7.6	5.68
2014/3/26	8.47	11.12	8.93	7.53	5.48
2014/4/26	8.39	11.02	8.95	7.67	5.69
2014/5/26	8.31	10.52	10.99	7.49	5.6
2014/6/26	7.92	10.4	8.99	7.03	5.37
2014/7/26	7.64	11.35	8.86	6.84	5.2
2014/8/26	7.71	10.9	8.93	6.98	5.3
2014/9/26	7.9	10.58	8.72	6.7	5.05
2014/10/26	8.2	10.24	8.64	6.7	5.05

附录

水文编号	26600202	26600008	26600009	26600116	26600017
位置	光明11委4组奚成贵家	东风乡刘淑贤家	东风乡石振武家	地下水试验站院内	铁东11委王振山家
日期	地下潜水位埋深（m）				
2014/11/26	8.15	10	8.58	6.71	5.04
2014/12/26	8.18	9.8	8.51	6.75	5.04
2015/1/26	8.14	9.59	8.41	6.8	5.12
2015/2/26	8.15	9.43	8.35	6.85	5.22
2015/3/26	—	9.36	8.3	6.88	5.2
2015/4/26	8.21	9.2	—	6.97	5.2
2015/5/26	8.09	10.57	8.55	7.09	5.31
2015/6/26	7.67	9.73	8.43	6.72	4.81
2015/7/26	7.73	10.59	8.48	6.99	4.78
2015/8/26	7.91	11.3	—	7.14	4.95
2015/9/26	7.99	11.43	8.64	7.12	5
2015/10/26	7.92	11.22	—	7	4.9
2015/11/26	7.83	11	—	6.98	4.9
2015/12/26	7.72	10.15	8.36	6.95	4.9
2016/1/26	7.59	9.72	8.36	6.92	4.72
2016/2/26	7.9	9.65	8.25	6.92	4.7
2016/3/26	7.52	9.55	8.2	6.93	4.7
2016/4/26	7.66	9.44	8.21	6.75	4.67
2016/5/26	7.83	9.85	—	6.91	5.26
2016/6/26	7.75	10.07	8.37	6.99	5.37
2016/7/26	7.66	10.18	8.39	6.48	5.5
2016/8/26	7.83	10.81	8.86	6.87	5.8
2016/9/26	7.77	10.5	8.58	6.83	5.76
2016/10/26	7.78	10.21	8.48	6.84	5.48
2016/11/26	7.65	9.93	8.31	6.85	5.05
2016/12/26	7.54	9.69	8.19	6.86	4.66
2017/1/26	7.4	9.57	8.08	6.84	4.57
2017/2/26	7.38	9.43	7.98	6.85	4.57
2017/3/26	7.41	9.29	7.94	6.87	4.58
2017/4/26	7.45	9.35	8.02	6.49	4.89
2017/5/26	7.67	9.97	8.34	7	5.13
2017/6/26	7.9	10.31	8.57	7.38	5.1
2017/7/26	8.21	10.88	8.69	7.79	5.62
2017/8/26	8.35	10.96	8.86	7.87	5.61

194

中国海绵城市建设
创新实践系列

中国北方寒冷缺水地区
"海绵"典范
——吉林白城海绵城市
建设实践路径

附录D

创新技术相关材料

D1 组合式雨水渗滤树池

专利摘要:

本发明涉及城市雨水控制利用技术领域,尤其涉及一种组合式雨水渗滤树池(附图 D-1)。该树池包括前池(19),前池(19)具有间隔开的弃流室(4)和沉淀室(5);树池 还包括可选择地与所述弃流室(4)或所述沉淀室(5)流体连通的进水口(2),其中,所 述弃流室(4)与沉淀室(5)之间通过隔板(20)间隔开,所述进水口(2)的底部高于所 述隔板(20)的顶面。本发明的树池可对城市道路、广场径流雨水进行截污、净化与减排。

权利要求:

1. 一种组合式雨水渗滤树池,其特征在于,包括:

前池(19),所述前池(19)具有间隔开的弃流室(4)和沉淀室(5),以及可选择地 与所述弃流室(4)或所述沉淀室(5)流体连通的进水口(2);其中,所述弃流室(4)与 沉淀室(5)之间通过隔板(20)间隔开,所述进水口(2)的底部高于所述隔板(20)的顶 面;可在第一位置将所述进水口(2)与所述弃流室(4)流体连通,在第二位置将所述进水 口(2)与所述沉淀室(5)流体连通的翻板(6),其中,所述翻板(6)可在所述第一位置 与所述第二位置之间旋转地固定于所述前池(19)中。

2. 根据权利要求1所述的组合式雨水渗滤树池,其特征在于,所述弃流室(4)与所述 沉淀室(5)沿平行于所述前池(19)的池底的方向并排设置;所述翻板(6)位于所述弃 流室(4)的顶部。

3. 根据权利要求1所述的组合式雨水渗滤树池,其特征在于,还包括:格栅(3),所 述格栅(3)内嵌于所述进水口(2)处。

4. 根据权利要求1所述的组合式雨水渗滤树池,其特征在于,还包括:至少一个与所 述沉淀室(5)流体连通的种植池(9)。

5. 根据权利要求4中所述的组合式雨水渗滤树池,其特征在于,所述组合式雨水渗滤 树池包括两个所述种植池(9),所述两个种植池(9)沿远离所述前池(19)的方向排列在所述前池（19）的同一侧，并且所述前池（19）和所述两个种植池（9）沿所述远离的方向依次流体连通；其中，所述前池（19）和与其相邻的种植池（9）由第一隔墙（16）分隔，并且所述第一隔墙（16）的顶壁与所述组合式雨水渗滤树池的侧壁围合而成的空间，构成实现该种植池（9）与所述沉淀室（5）流体连通的通道。

6. 根据权利要求5所述的组合式雨水渗滤树池，其特征在于，还包括：设置于所述沉淀室（5）的底部侧壁上的至少一个排空管（8），所述排空管（8）具有入口和出口；所述排空管（8）的入口流体连通于所述沉淀室（5），所述排空管（8）的出口流体连通于与所述前池（19）相邻的种植池（9）。

7. 根据权利要求5所述的组合式雨水渗滤树池，其特征在于，还包括：位于所述两个种植池（9）之间并与之流体连通的至少一个过流净化池（10）；其中，所述过流净化池（10）和与其相邻接的种植池（9）之间由第二隔墙（21）间隔开；并且所述第二隔墙（21）的顶壁和所述组合式雨水渗滤树池的侧壁围合而成的空间，构成实现所述过流净化池（10）和与其相邻接的种植池（9）流体连通的通道。

8. 根据权利要求7所述的组合式雨水渗滤树池，其特征在于，还包括：配水石笼（12），所述配水石笼（12）内装填碎石；所述配水石笼（12）设置于邻接所述两个种植池（9）中靠近所述前池（19）的种植池（9）的过流净化池（10）中，并且邻接所述第二隔墙（21）设置。

9. 根据权利要求7或8所述的组合式雨水渗滤树池，其特征在于，所述组合式雨水渗滤树池包括至少两个所述过流净化池（10），所述至少两个过流净化池（10）沿远离前池（19）的方向依次排列布置；其中，相邻接的两个所述过流净化池（10）流体连通并由第三隔墙（22）分隔开。

10. 根据权利要求9所述的组合式雨水渗滤树池，其特征在于，沿远离所述前池（19）的方向，所述至少两个过流净化池（10）的底面的高度依次降低。

11. 根据权利要求10所述的组合式雨水渗滤树池，其特征在于，所述至少两个过流净化池（10）为两个，所述第三隔墙（22）与位于其靠近所述前池（19）一侧的第二隔墙（21）的高度相同，所述第三隔墙（22）高于位于其远离所述前池（19）一侧的第二隔墙（21）的高度。

12. 根据权利要求9所述的组合式雨水渗滤树池，其特征在于，设置有贯通所述第三隔墙（22）的连通管（13），以实现所述相邻接的两个过流净化池（10）之间的流体连通。

13. 根据权利要求7所述的组合式雨水渗滤树池，其特征在于，位于所述种植池（9）中的树皮覆盖层的上表面构成所述种植池（9）的底面，位于所述过流净化池（10）中的树皮覆盖层的上表面构成所述过流净化池（10）的底面；所述种植池（9）和所述过流净化池（10）的底面均低于所述进水口（2）底部。

14. 根据权利要求7所述的组合式雨水渗滤树池，其特征在于，还包括：设置于所述两个种植池（9）中远离所述前池（19）的种植池（9）中的多级溢流口（11）；其中，所述多级溢流口（11）的底部溢流口高于所述种植池（9）底面，所述多级溢流口（11）的顶部溢流口低于所述进水口（2）的底部。

15．根据权利要求14所述的组合式雨水渗滤树池，其特征在于，还包括，排水管（15），所述排水管（15）具有入口和出口；其中，所述排水管（15）的入口连通于所述多级溢流口（11）的底部，所述排水管（15）的出口连通于城市排水管道系统。

16．根据权利要求14所述的组合式雨水渗滤树池，其特征在于，还包括：弃流管（7），具有入口和出口；其中，所述弃流管（7）的入口位于所述弃流室（4）的底部侧壁并与所述弃流室（4）流体连通，所述弃流管（7）的出口与所述多级溢流口（11）流体连通。

17．根据权利要求14所述的组合式雨水渗滤树池，其特征在于，所述前池（19）、所述种植池（9）、过流净化池（10）和所述多级溢流口（11）为混凝土现浇成型的一体件。

18．根据权利要求1所述的组合式雨水渗滤树池，其特征在于，在所述组合式雨水渗滤树池的底部设置渗排管。

附图：

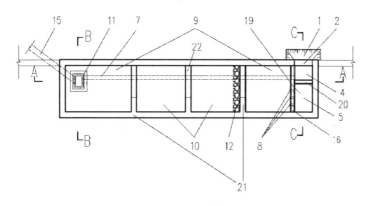

附图D-1　组合式雨水渗滤树池的一个实施例的俯视结构示意图

D2　道路雨水弃流系统及道路雨水渗滤系统

专利摘要：

本发明提供了一种道路径流弃流系统及道路径流渗滤系统（附图D-2~附图D-5），道路径流弃流系统包括沉淀池以及渗排渠；沉淀池设置在行车道的一侧；沉淀池的底部设置有过滤结构，沉淀池的侧壁上设置有与渗排渠连通的溢流口，溢流口至沉淀池的池底具有设定距离；渗排渠远离沉淀池的一端连通有溢流井。本发明提供的道路径流弃流系统避免了融化雪水直接流入土壤或者直接渗入地下，从而防止夹杂在雪水中的融雪剂对土壤、植物以及地下水造成污染。

权利要求：

1．一种道路径流弃流系统，其特征在于，包括：沉淀池以及渗排渠，所述沉淀池用于设置在行车道的一侧；所述沉淀池的底部设置有过滤结构，所述沉淀池的侧壁上设置有与渗排渠连通的溢流口，所述溢流口至所述沉淀池的池底具有设定距离；所述渗排渠远离所述沉淀池的一端连通有溢流井。

2．根据权利要求1所述的道路径流弃流系统，其特征在于，所述渗排渠内填充有渗排级配碎石层，所述渗排级配碎石层的底部设置有渗排管；沿所述渗排管的延伸方向，所述渗排管的顶部间隔地设置有多个渗排孔，所述渗排管的一端与所述溢流井连通。

3．根据权利要求1所述的道路径流弃流系统，其特征在于，所述过滤结构包括由上而下依次设置的第一透水砖层、第一砂浆层以及第一级配碎石层。

4．根据权利要求1~3中任一项所述的道路径流弃流系统，其特征在于，所述沉淀池的用于靠近行车道的侧壁上设置有道路进水口；所述道路进水口的第一端位于所述沉淀池的内壁，第二端位于所述沉淀池的外壁，且所述沉淀池由第一端至第二端呈渐缩状，所述沉淀池的第二端用于低于行车道的路面。

5．一种道路径流渗滤系统，其特征在于，包括透水铺装结构以及如权利要求1~4中任一项所述的道路径流渗滤系统；所述透水铺装结构与所述沉淀池分别位于所述渗排渠的两侧；所述透水铺装结构包括排水盲管，所述排水盲管与所述渗排渠连通。

6．根据权利要求4所述的道路径流渗滤系统，其特征在于，所述透水铺装结构还包括第二透水砖层，所述第二透水砖层的延伸方向与所述渗排渠的延伸方向一致；沿所述第二透水砖层的延伸方向，所述第二透水砖层上间隔地设置有多个抗冻胀变形缝；所述排水盲管位于所述第二透水砖层的下方。

7．根据权利要求1所述的道路雨水渗滤系统，其特征在于，所述透水铺装结构还包括由上而下依次设置的第二砂浆层和第二级配碎石层；所述第二透水砖层设置在所述第二砂浆层的上表面，所述排水盲管埋设在所述第二级配碎石层的底部。

8．根据权利要求4所述的道路径流渗滤系统，其特征在于，所述排水盲管的第一端位于所述第二级配碎石层，第二端与所述渗排渠连通，所述排水盲管由其第一端至第二端呈渐缩状。

9．根据权利要求4所述的道路径流渗滤系统，其特征在于，还包括植被蓄渗结构，所述植被蓄渗结构与所述沉淀池位于所述渗排渠的同一侧；所述植被蓄渗结构的一端与所述沉淀池连通，另一端与所述溢流井连通，所述植被蓄渗结构与所述沉淀池的连通处至所述沉淀池的池底的距离高于所述溢流口至所述沉淀池的池底的距离。

10．根据权利要求9所述的道路雨水渗滤系统，其特征在于，所述透水铺装与所述渗排渠之间设置有路缘石，所述路缘石上设置有铺装道路进水口；所述排水盲管穿过所述路缘石与所述渗排渠连通。

198

中国海绵城市建设
创新实践系列

中国北方寒冷缺水地区
"海绵"典范
——吉林白城海绵城市
建设实践路径

附图：

1-沉淀池；2-渗排渠；3-溢流井；4-透水铺装结构；5-植被蓄渗结构；6-路缘石；11-过滤结构；12-溢流口；13-道路进水口；21-渗排级配碎石层；22-渗排管；41-排水盲管；42-第二透水砖层；43-抗冻胀变形缝；44-第二砂浆层；45-第二级配碎石层；61-铺装道路进水口；111-第一透水砖层；112-第一砂浆层；113-第一级配碎石层；114-预设缝隙。

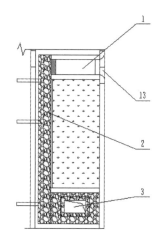

附图D-2　道路雨水弃流系统的俯视图

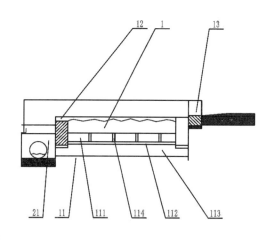

附图D-3　道路雨水弃流系统的切面图

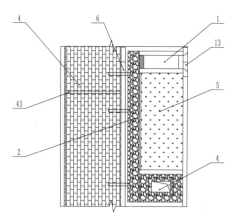

附图D-4　道路雨水渗滤系统的俯视图

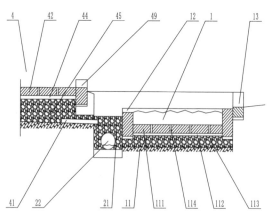

附图D-5　道路雨水渗滤系统的第一切面图

后 记

海绵城市建设试点，必须依靠创新驱动，更离不开共享精神。

"抓好试点对改革全局意义重大。要认真谋划深入抓好各项改革试点，坚持解放思想、实事求是，鼓励探索、大胆实践，敢想敢干、敢闯敢试，多出可复制可推广的经验做法，带动面上改革"，这是习近平总书记在2017年5月23日召开的中央全面深化改革领导小组第三十五次会议讲话中强调的试点价值。作为国家战略的海绵城市建设，更应强化、发挥试点的作用和示范效应。就此而言，白城及时总结提炼并公开发布其在海绵城市建设试点方面取得的创新成果，供业界参考借鉴，这种开放的胸怀和共享精神，更值得各类试点学习。

然而，我国的海绵城市建设，作为一种全新的城市发展理念和方式，从概念的提出到试点的先行先试，毕竟才短短的三年多时间，还处于名副其实的"萌芽期"。尤其是项目完工后的后期运行维护，更是需要经受住时间的考验。因此，中国海绵城市建设的"白城模式"，还需要不断探索完善，要真正实现健康可持续发展，任重而道远。正因如此，书中内容难免有错谬之处，敬请专家和读者批评指正，为共同缔造"美丽白城"、"美丽中国"努力奋斗、砥砺前行。

图书在版编目（CIP）数据

中国北方寒冷缺水地区"海绵"典范——吉林白城海绵城市建
设实践路径／"国家海绵城市建设创新实践"课题组编．—北
京：中国建筑工业出版社，2018.3
（中国海绵城市建设创新实践系列）
ISBN 978-7-112-21915-5

Ⅰ. ①中… Ⅱ. ①国… Ⅲ. ①城市环境－水环境－生态环境建
设－研究－白城 Ⅳ. ①X321.234.3

中国版本图书馆CIP数据核字（2018）第043909号

责任编辑：杜　洁　李玲洁
责任设计：张悟静
责任校对：王　瑞

中国海绵城市建设创新实践系列

中国北方寒冷缺水地区"海绵"典范 ——吉林白城海绵城市建设实践路径
"国家海绵城市建设创新实践"课题组　编
*
中国建筑工业出版社出版、发行（北京海淀三里河路9号）
各地新华书店、建筑书店经销
北京锋尚制版有限公司制版
北京富诚彩色印刷有限公司印刷
*
开本：850×1168毫米　1/16　印张：13　字数：291千字
2018年3月第一版　2018年3月第一次印刷
定价：148.00元
ISBN 978 - 7 - 112 - 21915 - 5
　　（31834）